序

    从古至今，人类对太空探索的追求从未停歇。从苏联的"礼炮号"空间站，到美国的"天空实验室"空间站、苏联的"和平号"空间站，再到以美国为主建设的国际空间站，载人太空探索走过了几十年非常不平凡的历程。而我国载人航天自1992年立项启动，实施了发射载人飞船阶段，航天员出舱活动、空间飞行器的交会对接与发射空间实验室阶段，建造空间站阶段的"三步走"发展战略，目前已进入长达10年甚至20年的长期运营阶段。中国的载人航天不断突破载人飞船、空间交会对接、空间推进剂补加等关键技术，从前期开展小规模太空实验任务到大规模科学研究与应用，空间科学研究越来越深入，对空间的开发和利用越来越广泛，不断产出重要的科技成果，对我们的国民经济和生产生活持续产生影响。

    中国空间站作为支持大规模科学研究的综合性大型研究设施，它的建设凝聚了几代科研工作者的辛勤劳动和心血。无论是长征二号F、长征五号B、长征七号运载火箭和载人飞船的研制，还是支持多学科实验的科学实验柜等空间研究设施和地面运行支持设施的建设，都需要克服大量的困难，解决很多的技术问题，我国的航天科学家和工程师都付出了巨大的努力和心血，使我国独立自主完成了空间站的研制和建设，为广大空间科学研究者提供了很好的研究机会和平台。

    本书作者是载人航天工程任务的直接参与者，是载人航天空间科学规划和项目论证的主要负责人，我与作者在长期的载人月球探测论证中有过多次讨论。为了让更多的公众了解中国空间站、了解中国载人航天，作者围绕中国空间站的建设和开展的太空科学研究，编写了这本系统介绍中国空间站方方面面知识的科普书。他从我国载人飞船阶段讲起，系统描述了载人飞船阶段，航天员出舱活动、空间飞行器的交会对接与发射空间实验室阶段，建造空间站阶段的关键技术突破和开展的科学研究，使读者能够系统了解中国载人航天的发展历史。书中对中国空间站的火箭、飞船、天地支持保障系统等主要组成部分及功能进行了解读，特别是对空间站的10余个科学实验柜等研究设施进行了系统介绍，对空间站正在开展的生命、流体、材料、基础物理等科学实验及进展进行了描述，使读者能够深入了解空间站这一重大研究平台在科学研究中发挥的重要作用。作者还对正在实施的载人月球探测工程，以及未来的月球基地建设、载人火星探测等进行了设想。

本书内容翔实、逻辑清晰，将科学知识与航天邮票相结合，系统介绍了中国空间站的研制建设和精彩纷呈的太空科学实验，语言生动活泼、表述浅显易懂，使读者能够对中国空间站有比较全面的了解，对我国载人航天的发展历史和未来规划能够清楚地把握，是一本很难得的、优秀的科普书。

载人航天的脚步永不停歇，太空探索的步伐滚滚向前，希望中国的青少年一代更多地了解中国空间站和载人航天，未来更多地参与空间站和载人月球探测任务，为不断取得重大科技成果、更好地开发和利用太空作出贡献！

中国科学院院士、中国月球探测工程首任首席科学家

欧阳自远

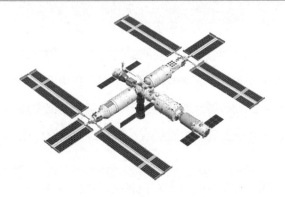

前言

  2022 年 10 月 31 日，搭载空间站梦天实验舱的长征五号 B 遥四运载火箭发射升空，11 月 1 日，梦天实验舱与空间站组合体在轨完成交会对接。2022 年 12 月 31 日，国家主席习近平在新年贺词中宣布 "中国空间站全面建成"。中国载人航天工程自 1992 年正式立项以来，先后走过了发射载人飞船阶段，航天员出舱活动、空间飞行器的交会对接与发射空间实验室阶段，建造空间站阶段，于 2023 年进入空间站应用与发展阶段，开始长达 10 年甚至 20 年的运营，将滚动支持开展大规模科学研究与应用。30 余年来，中国航天执行了数十次发射任务，人们对载人飞船、火箭、航天员等有了比较深入的了解，但是对于结构复杂、功能强大、长期运行的空间站，尤其是对于空间站长期支持开展哪些科学实验、技术试验，有可能取得哪些成果，这些成果对于地面的生产生活可能有什么益处等问题，大多数人还缺乏了解。为了让大家更多地了解空间站、更多地了解空间科学实验和空间技术知识、更多地了解博大精深的载人航天，编著者编写了这本有关中国空间站的图书。

  2022 年 12 月 25 日，中国邮政发行《中国空间站》纪念邮票一套 4 枚。该套邮票采用连票设计形式，画面以宇宙美丽的深蓝色为主色调，用精彩的设计和精美印制工艺呈现出太空的神秘、浩瀚，分别通过"天地往返、空间科学、出舱活动、太空家园"4 个主题，展现中国载人航天工程 30 年来从地球家园走向浩瀚宇宙、不断圆梦的辉煌历程。《中国空间站》纪念邮票一经发行，引起社会广泛关注。于是编著者想到如果将中国空间站的介绍内容结合不同国家、不同发展阶段发行的航天题材邮票，是不是可以更生动地展示国际载人航天的发展历程、发展现状和未来？因此，本书由载人航天科学家和邮票设计师共同编著，将空间站的基本知识和相关航天邮票有机地结合起来，旨在更好地呈现载人航天的发展历程和空间站知识。本书主要围绕中国空间站进行介绍，既有中国载人航天的发展历史，又有中国空间站系统组成、功能和关键技术的介绍，还有丰富有趣的太空科学实验解读，希望能让读者全面地认识和了解中国空间站。

本书共分为 5 章。第 1 章对国际空间站的发展进行回顾和介绍，包括"礼炮号"空间站、"天空实验室"空间站、"和平号"空间站、国际空间站等，并介绍了中国载人航天工程的启动。第 2 章对中国载人航天工程经历的载人飞船阶段，航天员出舱活动、空间飞行器的交会对接与发射空间实验室阶段，建造空间站阶段的关键技术突破和应用研究进行了概要描述。第 3 章对中国空间站进行了详细解读，包括空间站的构型、各舱段的主要功能、任务和指标；天地往返飞行器，包括长征二号 F、长征七号和长征五号火箭以及神舟载人飞船和天舟货运飞船；还有空间站天地支持保障系统，如环境控制与生命保障系统、空间站测控通信系统及着陆场系统等，空间站的全貌跃然纸上。第 4 章针对空间站正在大规模开展的科学应用，系统地向读者介绍了空间站部署的各学科科学实验柜，以及正在开展的生命、材料等太空科学实验与研究进展。第 5 章对未来的载人月球探测、月球基地以及载人火星探测进行了畅想和展望。

为了使读者更好地了解和学习载人空间站的相关知识，本书以系统深入介绍中国空间站为目标，图文并茂、由浅入深、全面地讲解了中国空间站的相关知识。本书的特色主要包括以下两点。

（1）知识与邮票的深度融合

本书空间站相关知识的展示图片以相关邮票为主，编著者搜集整理了世界各国关于空间站和载人航天的相关邮票，包括未来对月球基地、火星基地的畅想，不仅有意义，也非常有趣。

（2）空间站太空科学实验的系统呈现

空间站的首要目标之一是开展大规模的科学研究，以取得突出的科技成果。本书对于空间站的系列科学实验设施，以及正在开展的生命、流体、材料、基础物理等太空科学实验进行了系统的描述，这是目前为止对中国空间站太空科学实验最详尽的描述。

在此，建议读者按照章节的前后顺序阅读本书。由于空间站本身蕴含的知识博大精深，本书无法做到面面俱到，因此书中给出了详细的参考文献，读者可以通过参考文献对火箭、飞船、测控等空间站主要系统的关键技术进行更加深入的学习。对于书中所介绍的不同学科的太空科学实验，可能需要读者具备一些必要的基础知识，读者有需要时可以查阅生命科学、材料科学的相关图书，了解相关的基本概念和原理。

本书的主要编著者张伟是航天科学家，主要负责空间站相关知识和太空科学实验相关知识内容的编写，是文字内容的主要贡献者；董琪是知名邮票设计师，代表作品有《中国空间站》《"一带一路"国际合作高峰论坛》邮票等，主要负责书中所有邮票的选择和主要图片的选择和处理等，是图像展示内容的主要贡献者。出版社的苏萌编辑对于本书的策划、章节划分、内容的科普化、图片的选择优化等，给出了非常详细的指导和建议。

在此，对中国载人航天工程办公室、中国科学院空间应用工程与技术中心、中华全国集邮联合会、中国邮政集团有限公司、北京邮票厂有限公司的支持与理解表示由衷的感谢。同时也要感谢为空间站及试验设施研制作出重要贡献的工程师们，感谢在空间站开展实验的来自各个高校和科研机构的科学家们，正是你们的辛勤工作，才促成了这本书的编写。

目录

第3章　揭秘前沿——带你走近中国空间站　　57

第 1 章

太空探索
——蓬勃发展的空间站事业

国际空间站

空间站：你了解多少

探索太空是人类自古以来的梦想，而实现这一梦想的过程充满了各种挑战。历史上，无数的科学家、工程师和思想家为了实现人类的太空探索梦想，付出了巨大的努力和代价。

伟大的祖国—敦煌壁画
（第一组）—飞天·唐（中国，1952）

古代天文仪器（中国和丹麦联合发行，2011）

美国火箭学家赫伯特·S.基姆在1945年出版的《火箭和喷气发动机》一书中提到，早在14世纪末，中国明朝一位万户（官职称谓，本名陶广义，被朱元璋赐名陶成道）为了实现飞天梦想，坐在绑了47支火箭的椅子上，双手举着大风筝，希望利用火箭的推力飞上天空，并利用风筝下降着陆。不幸的是，火箭在高空爆炸，他献出了自己的生命。虽然他的尝试以失败告终，但他的勇气和探索精神仍然激励着后人。

进入现代，随着科技的发展，人类对太空的探索取得了巨大的进步。从第一颗人造卫星的成功发射到人类登月，再到深空探测器的发射，每

"万户飞天"

中国第一颗人造地球卫星发射
成功五十周年（中国，2020）

一步都凝聚了人类的智慧和努力。我国也在太空探索领域取得了显著的成就，中国航天事业从无到有，从小到大，不断突破技术难题，实现了多项重大突破。中国的天宫空间站、嫦娥探月工程、北斗导航系统、天问行星探测等项目，都展现了中国在太空探索领域的强大实力和远大志向。

什么是空间站

空间站的构想是人类实现太空探索梦想的重要一步，它不仅仅是一个科学实验平台，更是人类在太空中生活和工作的家园。19 世纪末，一些科学家、工程师和思想家开始提出空间站的构想。

纪念奥斯坦丁·齐奥尔科夫斯基
轮式空间站设想（苏联，1986）

康斯坦丁·齐奥尔科夫斯基是苏联科学家和工程师，被誉为现代宇宙航行学的奠基人。他的工作和思想对后来的航天技术和理论发展产生了深远的影响。康斯坦丁·齐奥尔科夫斯基不仅在火箭科学方面作出了重要贡献，而且在空间站的概念和设计方面也提出了许多前瞻性的想法。

在 1883 年出版的《自由太空》一书中，康斯坦丁·齐奥尔科夫斯基首次提出了在地球轨道上建立宇航员的永久栖息地的想法。这一设想在当时是非常超前的，因为它涉及许多复杂的技术问题，包括如何在轨道上维持生命、如何供应食物和氧气、如何处理废物等。1894 年，他又提出了建立一座绕地球运行的"太空小屋"，可以用来进行天文观测，并配备栽种植物的温室，作为氧气和食物的来源。这就是一种空间站的设想。

奥斯坦丁·齐奥尔科夫斯基的空间站设想（匈牙利，1989）

在 1895 年出版的《地球与天空之梦》中，康斯坦丁·齐奥尔科夫斯基进一步描绘了他对于空间站的构想。他设想的空间站位于距地球 2000 ~ 3200km 的轨道上，这个高度既能够保证空间站稳定运行，又能够方便地与地球进行物资交换。他提出的空间站不仅能够进行科学研究，还能够成为人类在太空中的居住地，通过自带的补给、材料、机器和建筑，逐渐发展成为一个自给自足的聚居地。

赫尔曼·奥伯特是 20 世纪初德国一位杰出的科学家，他的工作对航天技术的发展产生了深远的影响。1923 年，赫尔曼·奥伯特发表了关于宇航科学的经典论文《飞往星际空间的火箭》，不仅提出了"空间站"这一概念，而且详细地描述了其功能和潜在的用途。

赫尔曼·奥伯特设想的空间站位于距地球 1000km 的轨道上，这个位置既能够保证空间站的稳定运行，又能够方便地与地球进行物资交换和人员往来。空间站内有人长期居住，这为进行长期的科学研究和观测提供了可能。此外，赫尔曼·奥伯特还提出了通过旋转为空间站的宇航员提供人工重力的

未来空间站设想（古巴，1985）

想法。这一创新的概念解决了长期在失重环境下生活和工作可能对人体造成的不利影响，为宇航员提供了更加舒适的生活和工作环境。空间站的另一个重要功能是为星际飞船补给燃料，这大大提高了星际飞船探索宇宙的能力。

奥地利人赫尔曼·波托尼克在1928年发表的《太空旅行的问题》文章中，给出了第一份详细的空间站工程设计报告，他所描述的轨道空间站结构类似一个甜甜圈，这一设计被称为"旋转栖息地"。

1949年，英国星际协会的哈里·罗斯和拉尔夫·史密斯在他们发表的论文《轨道基地》中，设计了一个空间站。这个空间站不仅具备通信功能，还能够通过一系列火箭的补给，由宇航员在轨组装。它可以用于太阳辐射和宇宙射线的研究，也可以用于观测地球上的天气状况，还可以作为飞往月球或其他行星的中转站。

1952—1954年，德国火箭专家沃纳·冯·布劳恩在他为《科利尔》杂志撰写的系列文章中提出了轮式空间站的构想。空间站边缘形如轮胎，电力供应来自太阳，能旋转产生人工重力。空间站可容纳上百名宇航员，并划分为几个区域，包括一个通信中心、一个气象观测台及一台电子计算机，还设有两层专门用于天文观测及研究。这个空间站的设计得到了广泛的认可。

沃纳·冯·布劳恩1952年空间站概念图 绘画者：Chesley Bonestell
（图片来源：Marshall Space Flight Center, NASA）

未来航天飞行器及空间站（美国，1993）

　　1958 年 10 月，美国国家航空航天局（NASA）成立后，国会要求 NASA 明确出台美国民用载人航天计划。NASA 描述了美国太空计划的长期目标，其中包括建立一座多人永久生存的轨道空间站。

　　经过科学家、工程师们数十年来的讨论和设计，空间站的概念逐渐成熟并得到了广泛的共识。空间站是一种长期在轨运行的载人航天器，便于宇航员在轨生活和工作，它支持开展大规模科学实验、技术试验和应用。由此可见，空间站长期在轨运行，就需要火箭和飞船定期地运送宇航员和物资上下行，这就需要运载火箭、载人飞船和货运飞船组成的天地往返运输系统的长期支持。空间站舱段、宇航员、生命支持系统、运载火箭、载人飞船、货运飞船、太空科学实验，这些是空间站缺一不可的要素。

未来空间基地和空间站
（特克斯和凯科斯群岛，1992）

"礼炮号"空间站

"礼炮号"空间站

人类首次进入太空15周年
（苏联，1976）

1961年4月12日，苏联宇航员尤里·加加林乘坐"东方一号"宇宙飞船从拜科努尔航天发射场起飞，成为进入太空的第一人。这一历史性的事件标志着人类太空探索的新纪元。与此同时，NASA也在积极推进自己的太空计划，其中包括以"阿波罗号"飞船为基础的空间实验室计划。

空间实验室计划是一个试验性项目，旨在通过在轨道上建立一个空间站来支持与载人航天器设计和科学观测相关的实验，包括监测太阳活动、测试人类在航天器外工作的能力等。同时，空间实验室还能研究微流星体对航天器的影响。微流星体是太空中对航天器构成威胁的一种常见物体，它们虽然体积小，但速度极快，对航天器的外壳和太阳能板等部件构成潜在的危害。在空间站上进行相关实验，可以更好地帮助科学家们了解微流星体的特性，从而设计出更加有效的防护措施。

登月第一人（美国，1969）

1969年，美国宇航员尼尔·奥尔登·阿姆斯特朗成为第一个踏上月球表面的人，标志着美国在与苏联的月球竞赛中取得了重大胜利。同年夏天，美国又宣布将于1973年将美国第一座空间站——"天空实验室"送入轨道。

作为对美国宣布的回应，苏联也加快了自己的空间站计划。苏联的目标是在美国"天空实验室"升空之前发射自己的空间站，以此来保持在太空竞赛中的领先地位。苏联计划利用已有的"联盟号"飞船系统，并将其应用于"阿尔马兹"军用空间站的框架上，以实现"长期轨道空间站（DOS）"的建设，这个空间站后来被称为"礼炮1号"。

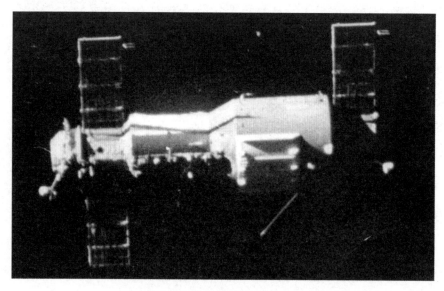

"礼炮1号"空间站

1971年4月19日，苏联的"礼炮1号"空间站发射，它重达18.5t，提供了100m³的内部空间。在"礼炮1号"空间站与"联盟11号"飞船成功对接后，3名宇航员（乔治·多勃罗沃尔斯基、弗拉基斯拉夫·沃尔科夫、维克多·帕查耶夫）成功进入空间站，在那里进行了为期23天的生活和工作。在这段时间里，宇航员们进行了一系列的科学实验和观测活动，包括对地球和太阳的观测研究，以及对地球大气层的研究，还开展了骨密度测定等医学、生物学

纪念苏联第一个空间站
"礼炮1号"10周年
（苏联，1981）

研究。这些研究对于了解长期太空飞行对宇航员身体健康的影响具有重要意义，特别是微重力环境对人体骨骼和肌肉的影响。

纪念"联盟11号"飞船牺牲
的宇航员（苏联，1971）

尽管"礼炮1号"空间站的任务取得了一定的成功，但在宇航员搭乘"联盟11号"飞船返回地球的过程中发生了悲剧。在再入大气层前，飞船返回舱和轨道舱分离，但在连接两舱的分离插头分离后，返回舱的压力阀门被震开，密封性能遭到破坏，

3名宇航员不幸遇难。这一事件成为苏联载人航天历史上最为悲惨的一次事故，也对后续的太空飞行安全提出了更高的要求。

苏联于1971—1976年发射的"礼炮1号"至"礼炮5号"属于第一代空间站，即试验性空间站。空间站为单舱构型，规模较小，由运载火箭一次性送入轨道。

"礼炮5号"空间站
（苏联，1977）

它仅有一个对接口，由"联盟号"飞船往返运输宇航员及少量物资，采用短期有人照料的工作模式，不能连续长期载人。其中的"礼炮2号""礼炮3号"和"礼炮5号"均为军用，主要用于对地侦查和观测，其他为军民共用，兼顾部分空间科学实验，宇航员可在轨生活、工作最长达63天。

"礼炮7号"女宇航员萨维茨卡娅出舱
（苏联，1985）

苏联分别于1977年9月和1982年4月发射的"礼炮6号"和"礼炮7号"空间站属于第二代空间站，即实用性空间站，其结构和功能比第一代试验性空间站有了较大改进，设置了两个对接口，可以同时对接两艘飞船，提供了成员组轮替和货运飞船补给物资的可能，大大延长了空间站的工作寿命和宇航员的在轨照料时间，空间站寿命增至4～5年，宇航员连续空间

飞行时间也增至237天。其中，"礼炮6号"累计载人飞行33人次，完成了120多项科学实验，拍摄了数以万计的对地观测照片。"礼炮7号"累计载人飞行26人次，在轨3214天，3名宇航员曾连续生活、工作了237天，完成了大量对地观测、空间材料加工、生命科学、地球物理学和天文学的实验内容，如开展了合金制备和晶体生长材料实验，通过X射线谱仪和射电望远镜进行天文观测，并用合成孔径雷达进行了潜水艇航迹的探测等。

"礼炮7号"空间站

"天空实验室"
（图片来源：NASA）

"天空实验室"（美国，1974）

"天空实验室"空间站

1973年5月14日，美国成功发射了"天空实验室"（Skylab），这是美国第一个空间站，也是当时发射到太空的最大单体宜居空间。"天空实验室"由"土星5号"运载火箭的末级改造而成，由"阿波罗号"飞船往返运送宇航员和补给物资。"天空实验室"总重近80t，有效载荷为11.8t，前后接纳了3批宇航员，共9人，第3批宇航员在轨最长生活和工作时间为84天。"天空实验室"虽然体量大于"礼炮号"，但在功能上两者基本相当，同属于试验性空间站。

1973—1979年，"天空实验室"开展了270余项科学实验。在空间生物学方面，宇航员们研究了多种活体动植物，包括老鼠、蜘蛛和果蝇，这些研究有助于了解生物在太空环境中的适应性和变化。宇航员们还进行了金属熔化、金属焊接和晶体生长实验等空间材料加工工作，取得了大量的科学数据，同时也开展了军事相关任务。此外，宇航员们还进行了国际首次舱外活动。值得一提的是，"天空实验室"
还接纳了中学生的实验项目，将这些
实验带入太空，宇航员们记录了作物
生长和季节变化情况。

"天空实验室"空间科学活动
（匈牙利，1973）

"天空实验室"还携带了多种科
学仪器，用于观测太阳和进行其他类
型的天文观测。宇航员们通过进行空
间环境观测拍摄了18万张太阳活动的照片，获得了一些有记录以来质量最
佳的太阳图像。这些图像帮助科学家们更好地理解了日冕的结构及其活动变
化，并推断出太阳耀斑的形态特征。此外，通过对地球的观测，"天空实验
室"还获得了4万多张地球的照片，这些照片不仅有助于地球科学研究，还对
环境监测、资源管理等领域具有重要意义。

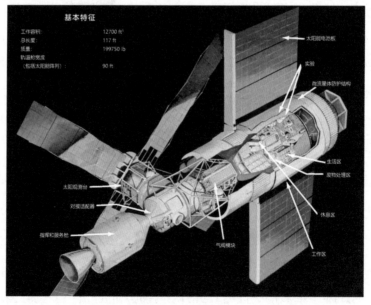

"天空实验室"空间站标签图（图片来源：NASA）

"和平号"空间站

"和平号"空间站

"和平号"空间站（Mir Space Station）是苏联在20世纪70年代初期开始规划并建立的，是空间站技术发展的一个重要里程碑。与之前的"礼炮号"空间站相比，"和平号"空间站在设计和功能上有了显著的进步和创新，其核心舱共有6个对接口，可扩展能力强，除长轴上的两个对接口以外，

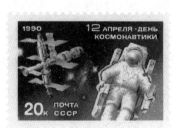

苏联宇航节——宇航员与"和平号"空间站（苏联，1990）

增加了4个横向对接口，允许6个不同的舱段与其对接，并有遥控机械臂，标志着空间站技术进入了第三代，被称为长久性空间站。"和平号"空间站的核心舱主要是宇航员的居住舱，提供了私人宿舍、厨房、个人卫生设施及健身设施等。

1986年2月20日，"和平号"空间站的核心舱成功由"质子号"火箭从拜科努尔发射升空，这标志着苏联在空间站建设领域迈出了重要一步。随后的几年中，苏联陆续发射了多个舱段与核心舱对接：1987年"量子号"舱发射，1989年"量子2号"舱发射，这两个舱用于天体物理学和环境监测实验；1990年"晶体号"实验舱发射，用于材料加工、地球观测和生物学实验；1995年、1996年，俄罗斯分别发射"光谱号"舱和"自然号"地球观测舱。由此形成了一个功能齐全、技术先进的大型空间站。

"和平号"空间站总重达约130t，是当时规模最大、技术最复杂的大型舱段组合式长期载人空间站，由"联盟号"系列飞船接送宇航员，由"进步号"系列货运飞船运输物资，并可接受美国航天飞机的对接访问。

"和平号"空间站轨道寿命长达5505天，其中有人状态为4951天。额定成员3~12人，累计接纳了12个国家的135名宇航员在"和平号"上工作，而俄罗斯宇航员创造了连续空间飞行438天的最高纪录。1986—2001年，在"和平号"长达15年的运行过程中，科学家开展了1700项研究、16500次实验，在空间生物学、地球资源探测、天体物理、微重力科学和航天新技术方面进行了大量的科学实验与应用研究，同时还进行了大量的军事活动，包括军事侦察和危机监视、参与地面军事演练、天基武器实验等。例如，在空间生物学方面，"和平号"进行了蛋白质晶体生长和药品制备；在材料科学方面，开展了600多种材料实验，开发了35种新材料；在对地观测方面，发现了10个稀有金属矿藏和117个油脉。"和平号"空间站在其运行期间取得了大量科学数据和成果，为人类进一步认识宇宙提供了重要的信息，是世界载人航天发展史上的一座丰碑。

"和平号"空间站30周年
（科特迪瓦，2016）

国际空间站

国际空间站

1984年1月25日，美国总统里根在国情咨文中宣称"只要我们敢于伟大，美国就永远是最伟大的。我们可以追随梦想，去往遥远的群星，为了和平及取得经济和科学上的收获而在太空中生活和工作。我正在指示NASA开发一座永久性载人空间站，并要求他们在10年内完成"。后来，他把空间站命名为"自由号"。在国情咨文中，里根要求NASA"邀请我们的朋友和盟国来巩固和平、造福后代，也让更多人享受自由"。由于技术和资金等原因，这个空间站最后演变为国际空间站（ISS）。

和平利用外层空间会议 50 周年纪念
——国际空间站（联合国邮政，2007）

国际空间站是人类首次在地球之外建立的一座永久性的前哨站，由美国牵头，俄罗斯、日本等16国参与研制和运行。

和平利用外层空间会议50周年纪念
——苏联空间站回顾（联合国邮政，2007）

国际空间站第一阶段为准备阶段，主要进行了9次美国航天飞机与俄罗斯"和平号"空间站的交会对接飞行，取得了宝贵的经验。

国际空间站第二阶段为初期装配阶段。1998年11月20日，国际空间站首个舱段——"曙光号"功能货舱（美国出资，俄罗斯制造）搭乘"质子号-K"火箭升空，标志着ISS计划正式进入第二阶段。"曙光号"带有制导、推进和电力系统，并为国际空间站的早期组装阶段提供存储空间。它配备了发动机和推进器，以便维持轨道。此后，国际空间站第2个组件——美国"团结号"节点舱，于1998年12月4日由"奋进号"航天飞机顺利送入轨道，并于12月7日同"曙光号"成功实现对接。第二阶段的主要目标是建成一个初期空间站，能够支持3人长期居住和工作。

国际空间站第三阶段为最终装配及应用阶段，建成总重约420t、可长期载6人、工作寿命为10～15年的大型长久性空间站。经过10多年在轨组装，2011年5月，NASA宇航员马克·凯利宣布："空间站已经组装完毕。"组装完成的空间站包括11个舱段和10余段骨干桁架、4个用于供电的太阳能主阵列

国际空间站的构建过程
（斯里兰卡，1999—2005）

翼及其他支持组件，包括加拿大机械臂"加拿大臂2号"。

美国主导的ISS不仅实现了第一次大规模的载人航天活动的国际合作，而且初步体现出载人航天发展已由追求国家威望向注重实用性和经济性的方向转移。自1998年至2024年，ISS已完成并持续开展了3700余项科学实验，100多个国家的5000余名研究人员参与；来自21个国家的270余名宇航员到访ISS，开展了270余次太空行走。

其研究领域主要包括人体科学研究、空间生物学、物理科学、地球与空间科学、技术验证等。在空间生物学方面，主要开展了动物生物学、植物生物学、微生物学、细胞生物学、大分子晶体生长等研究及疫苗开发等。在地球与空间科学方面，开展了天体物理学、地球遥感、太阳物理学、近地空间环境等研究。在人体科学研究方面，开展了骨骼和肌肉生理学、心血管和呼吸系统、宇航员医疗系统、人类行为和表现、免疫系统、生理和营养、神经和前庭系统等研究。在物理科学方面，主要开展了燃烧科学、复杂流体、流体物理、基础物理、材料科学等研究。在技术验证方面，开展了通信导航与网络技术，空间机器人技术，空间维修和制造技术，小卫星及控制，生命支持系统，航天器材料，辐射测量和防护，空气、水和表面检测，航天电子设备和软件等研究。

数十年来，国际空间站取得了大批的科学与技术成果。在科技成果方面，共发表近3000篇论文，获得4000多项专利；在支撑社会经济发展方面，贡献涉及人类健康、地球灾害监测、技术创新、全球教育等多个领域，同时积极推动了空间材料和药物等方面的产业应用。

中国空间站

　　1992年9月21日，中央决策实施载人航天工程，并确定了我国载人航天
"三步走"的发展战略。第一步，发射载人飞船，建成初步配套的试验性载
人飞船工程，开展空间应用实验；第二步，突破航天员出舱活动技术、空间
飞行器的交会对接技术，发射空间实验室，解决有一定规模的、短期有人照
料的空间应用问题；第三步，建造空间站，解决较大规模的、长期有人照料
的空间应用问题。

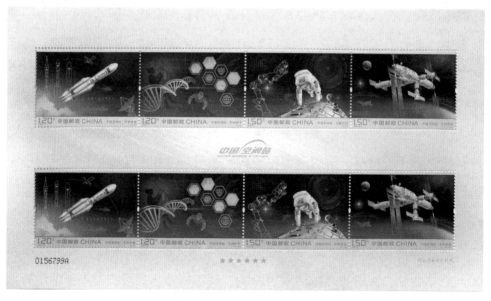

中国空间站（中国，2022）

核心舱内部图（图片来源：新华社）

中国空间站的架构：核心舱与实验舱的协同

　　中国空间站为T字基本构型，主要由天和核心舱、问天实验舱和梦天实验舱等组成。

　　天和核心舱：整个空间站的控制中心。它不仅负责空间站的运营管理，而且提供了3名航天员的生活空间，包括3个睡眠区和1个卫生区，还配备了通信中心和生命支持系统，确保航天员与地面控制中心的通信畅通无阻，以及航天员在太空中的健康和安全。

　　问天实验舱：中国空间站的第二个组件。它同样提供了3个睡眠区和1个卫生区，使得空间站能够在2艘载人飞船同时在轨的情况下，满足更多航天员的生活需要。

梦天实验舱启航

梦天实验舱：中国空间站的第三个组件。它的发射标志着空间站建设进入最后阶段。梦天实验舱的加入，进一步完善了空间站的功能，为航天员提供了更多的科研和实验平台。

经过近10年的研制，2021年4月，天和核心舱发射入轨。2022年7月，问天实验舱发射成功。2022年10月，梦天实验舱发射成功。2022年年底，中国空间站全面建成。

迈向深空：中国空间站的战略意义

中国载人航天工程实施之初就确定了"造船为建站，建站为应用"的理念，就是着眼于充分发挥空间站的应用效益。我国之所以建造空间站，主要基于以下几个目的。

一是通过空间站的建造与运营，掌握近地空间长期载人飞行技术，具备长期开展近地空间有人参与的科学实验、技术试验和综合开发利用太空资源能力。

二是空间站是我国未来15~20年规模最大的空间综合研究实验平台。作为具有国际先进水平的国家太空实验室，空间站要高效开展体系化的空间科学与应用研究和新技术试验，不断产出重大科技成果，持续获取综合应用效益。

三是通过空间站的开发与利用，不断提升我国人民的民族自信心和自豪感，并通过长期而深入的国际合作，不断提升我国的国际影响力和话语权。

四是通过空间站的研究与应用，吸引和凝聚国内外一流科学家、工程专家利用空间站开展研究，有助于持续不断地培养青年人才，并通过多种多样的科普教育活动，传播科学知识，弘扬科学精神，激发青少年的科学兴趣，激励他们在科技领域建功立业。

第 2 章

逐梦星河

——中国载人航天之路

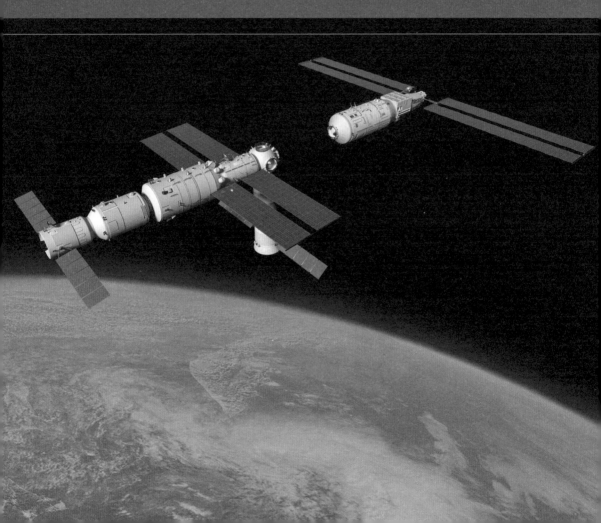

中国的载人航天工程自1992年9月21日正式启动以来，经历了发射载人飞船阶段，航天员出舱活动、空间飞行器的交会对接与空间实验室阶段，建造空间站阶段等重要的发展阶段，取得了一系列显著成就。可以说，中国载人航天工程的每一步都体现了国家在航天科技领域的自主创新和不断探索，同时也展示了中国对和平利用外太空、推动构建人类命运共同体的积极贡献。

中国现代科学家（五）——
钱学森（中国，2011）

航天（中国，1986）

自1992年9月21日中国政府决策启动载人航天工程以来，航天人一步一个脚印，全国110多个直接研制单位和3000多个协作单位的科研人员和工程师们，历经7年，默默耕耘，通过不懈的努力和协作，为中国的载人航天工程奠定了坚实的基础。

1999年1月9日，中国载人航天工程总指挥和总师联席会议做出了一个具有里程碑意义的决定：利用长征二号F运载火箭首次飞行试验的机会，发射中国第一艘无人试验飞船。这一决策标志着中国载人航天工程从地面试验迈向了实际的太空飞行试验。

经过认真研究，飞船系统的研制团队大胆提出将初样电性船改装为试验飞船发射上天，重点考核火箭的可靠性和飞船的舱段分离、返回控制等关键技术，确保飞船能够在太空中正常工作，并且能够在完成任务后安全返回地面，即实现"上得去、回得来"的目标。

神舟一号飞船是中国载人航天计划中的一个重要组成部分，它标志着中国在载人航天领域的重大进展。

神舟一号飞船由轨道舱、返回舱和推进舱组成，总长约为8m，圆柱段的直径为2.5m，总重量约为8t，可容纳3名航天员。飞船的有效载荷入轨时不小于300kg，返回实验样品约为100kg。

飞船轨道舱为密封舱结构，圆柱段直径为2.27m，总长为2.8m，在外壁装有推进舱贮箱和发动机系统，为留轨期间的轨道维持和姿态控制提供

中国"神舟"飞船首飞成功纪念
（中国，2000）

所需动力。飞船在轨运行后，航天员可以通过返回舱进入轨道舱进行生活
和工作。

　　飞船返回舱位于飞船的中部，也是密封舱结构。其外形是由球形大底、
锥段和小端球台组成的钟形，最大直径为2.5m，长度也为2.5m。返回舱不
仅是航天员的座舱，也是飞船的控制中心，还是飞船中唯一可以再入大气层
并安全返回地球的舱段。返回舱具有着陆后支持航天员陆上生存48h、海上
生存24h的能力。

推进舱位于飞船的后部，长3m，直径为2.5m，为非密封结构，为飞船在轨道上的机动和姿态控制提供所需的动力，还为飞船提供电源并负责调节飞船密封舱内的温度。推进舱在飞船中起着服务舱的作用，提供支持和保障，以确保飞船的正常运行和航天员的安全。

神舟一号飞船主要考核载人航天工程总体设计方案的可行性，特别是飞船系统的舱段分离技术、调姿制动技术、升力控制技术、防热技术、回收着陆技术这五大关键技术的可靠性。

经过7年的设计、攻关、研制和试验，1999年11月20日，在甘肃酒泉航天发射场，中国航天人顺利地把第一艘无人试验飞船"神舟一号"通过新研制的长征二号F运载火箭送入太空，飞船在太空中绕地球飞行了14圈后，于北京时间11月21日凌晨准确着陆在内蒙古中部草原的预定回收区域。

神舟一号飞船的成功发射与回收，充分验证了我国载人航天工程总体设计方案的可行性。

神舟二号飞船

2001年1月10日凌晨，我国第二艘无人试验飞船"神舟二号"发射升空，它在太空停留了7天。神舟二号飞船是我国第一艘按照载人飞行要求而采用全系统配置的无人正样飞船，重点考核了环境控制与生命保障、应急救生两个分系统的功能。同时，飞船轨道舱首次进行了长达半年之久的留轨试验，进行了一系列空间科学实验。

神舟二号飞船的应用任务主要包括空间材料科学实验、空间生命科学实验、空间天文观测和空间环境监测。

利用神舟二号飞船多工位空间晶体生长炉，科学家们进行了金属合金等材料的晶体生长实验。研究表明，在微重力环境下可以生长出晶格缺陷少、组分均匀、结构完整和性能优良的晶体材料，从而可以帮助科学家们更好地理解材料在微重力条件下的生长机理，优化地面生产过程中的工艺条件，指

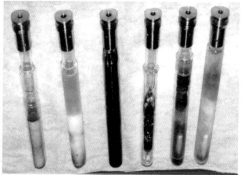

多工位空间晶体生长炉

神舟二号飞船（图片来源：国家航天局网站）

导地面规模生产和实际应用，尤其对高性能合金、半导体材料、光学材料等领域具有重要意义。

在神舟二号飞船上，科学家们利用X射线探测器、超软X射线探测器、γ射线探测器组成的宽能谱覆盖空间天文探测器，进行了我国首次宇宙γ射线暴探测和太阳耀斑高能辐射监测，经与全球γ射线暴源（GRB）联合观测网络数据对比后确认，探测到30余个宇宙γ射线暴。

神舟二号飞船的这些科学实验和观测结果，不仅丰富了人们对宇宙的认知，也为中国在国际空间科学界赢得了声誉。

神舟三号飞船

2002年3月25日，神舟三号无人试验飞船顺利升空，在太空中运行了6天18小时，于4月1日准确降落在内蒙古预定区域。与神舟二号飞船相比，神舟三号飞船和长征二号F运载火箭完善了逃逸与应急救生功能，这是为了确保在火箭飞行过程中，如果出现危及航天员生命安全的情况，载人火箭启动逃逸飞行程序，航天员能够及时通过返回舱的逃逸飞行器与火箭分离，并安全返回地面。

神舟三号飞船（图片来源：国家航天局网站）

此外，神舟三号飞船载有模拟航天员，这是一种用来模拟真实航天员生理特征和需求的实验装置。

在太空环境里，失重、真空、强辐射、高温等不利于人生存的因素无处不在，要想保证航天员的正常生活和工作，必须在飞船内建立一个适应人生存需求的环境控制与生命保障系统，模拟航天员就是用于检验环境控制与生命保障系统的工作是否符合要求。这对于保障航天员的健康和安全至关重要，也是实现长期太空飞行的关键技术之一。

模拟航天员包括形体假人、人体代谢模拟装置和拟人生理信号装置。形体假人模拟航天员在飞船中的姿态和质心位置；人体代谢模拟装置能模拟航天员的耗氧速率、耗氧量和产热量；拟人生理信号装置则能生成类似于真人的生理信号，如心电、呼吸、体温和血压等。地面科研人员通过检测模拟航天员的生理信息，模拟实施医学监测，为真正的载人飞行积累经验。

神舟三号飞船的任务不仅包括对飞船系统和生命保障系统的测试，还主要进行了空间材料科学实验、空间生命科学实验，同时利用中分辨率成像光谱仪、地球环境探测设备开展光学遥感对地观测试验。

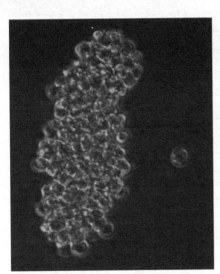

神舟三号飞船上培养的
人体淋巴细胞（NK92）

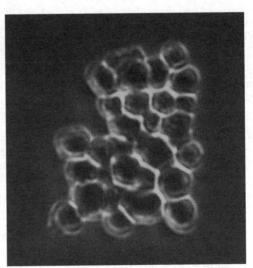

地面对比培养的
人体淋巴细胞（NK92）

对比可见空间细胞增殖要比地面高出近12.5倍

科学家们利用神舟三号空间蛋白质结晶装置，进行了15种蛋白质和其他生物大分子的空间晶体生长，获取了能用X射线衍射等方法进行大分子三维结构测定的单晶体，为新型高效药物和生物制品的设计、生产探索出新的方式。

科学家们利用神舟三号细胞反应器，在微重力条件下进行生物细胞培养实验，研究了微重力条件对细胞生长、分化、代谢分泌生物活性物质的影响，探索具有制药前景的动、植物细胞空间培养方法。

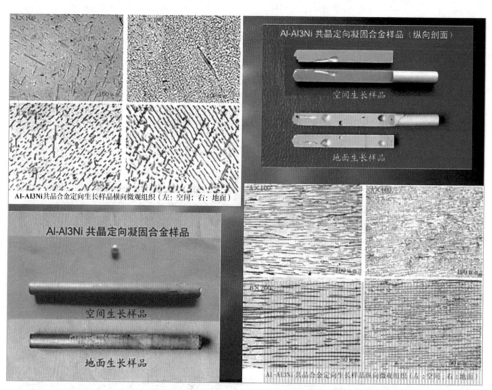

空间 Al-Al3Ni 合金空间定向凝固实验与地面实验的对比

神舟三号飞船还进行了半导体光电子、氧化物晶体、金属合金等12种材料的实验，与地面生长的材料样品相比，空间生长的合金样品缺陷更少、质量更高。

　　神舟三号飞船搭载的中分辨率成像光谱仪是我国自主研制的第一台"图谱合一"的光学遥感仪器，具有获取地球目标详细光谱图像的能力，所获取的光谱图像数据广泛应用于我国江河湖海的滩涂研究、悬浮泥沙监测、水质污染检测、地面生态环境研究、土地沙化监测、植被分布分析及地质结构研究等，对于环境保护、资源管理和灾害预防等多个领域具有极其重要的应用价值。

神舟三号飞船搭载的中分辨率成像光谱仪

神舟四号飞船

　　2002年12月30日，长征二号F火箭成功将"神舟四号"飞船送入预定轨道。飞船在太空飞行了6天18小时后，于2003年1月5日平安返回。根据测量设备数据分析，飞船内环境完全符合载人飞行要求。这是历次无人飞行试验中参试系统最全、考核最为全面的一次飞行试验。

　　神舟四号飞船进一步完善了应急救生系统功能，增加了航天员自主应急返回功能，这意味着在太空中遇到紧急情况（如陨石或流星体撞击等）时，航天员可以通过按下按钮来启动应急程序，使飞船在6小时内返回到应急着陆区。除主着陆场外，神舟四号飞船还增加了副着陆场，包括海上和陆地的备选着陆场。这些副着陆场可以在主着陆场因天气或其他原因无法使用时，作为备用选项，增加了飞船返回的灵活性和安全性。

　　神舟四号飞船的应用任务涵盖了多个科学领域，其中包括微重力流体物理科学、空间生物技术、微波遥感对地观测以及综合精密定轨试验。

　　利用神舟四号飞船搭载的细胞电融合仪，科学家们进行了细胞融合实验，开辟了细胞工程新方法。细胞融合实验是根据"优势互补"的原理，选择具有互补优势

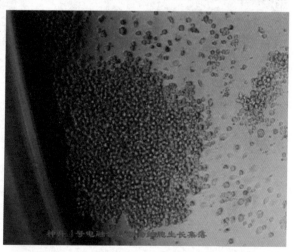

在神舟四号飞船上进行的细胞融合实验

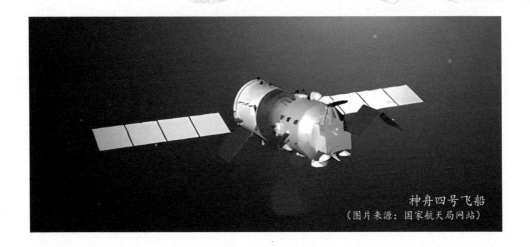

神舟四号飞船

（图片来源：国家航天局网站）

的生物细胞，进行无性杂交，获取、培育新物种的生物工程，也是研究生物制药的新途径。

在神舟四号飞船上进行的液滴马兰戈尼（Marangoni）迁移实验，成功地解决了国外科学家曾经失败过的在液滴注入过程中液滴大小的精确控制和有效分离的问题，成功地获取了实时流场数据和完整、清晰的干涉图像，为微重力流体物理科学研究提供了具有重要价值的一手资料。

神舟四号飞船上的多模态微波遥感器

神舟四号飞船的多模态微波遥感器由雷达高度计、雷达散射计和多频段微波辐射计组成，具有穿透云雾全天候对地观测的能力，是我国第一台在太空运行的微波遥感器，为海洋研究提供大洋环流过程、海面波浪、海风、海温、海水、降水、水汽含量等信息，同时兼顾陆地、陆地水域、海陆岸地带等研究，可获取大区域土壤水分、大区域积雪、植被分布等重要数据。

神舟五号飞船——中国人进入太空

神舟五号飞船是中国第一艘载人飞船。与神舟四号飞船相比，它具备自主应急返回的能力，能够在检测到紧急情况时自动启动应急程序，允许航天员返回全球预定的10个应急着陆区的任何一个；具备人工控制返回功能，在自动返回系统失效的情况下，航天员可以手动接管控制，利用飞船的控制系统精确地引导飞船返回地面。

神舟五号飞船要进行载人飞行，因此航天员的选拔成为最关键的环节。当时，中国航天员的选拔主要经历了航天教练员选拔、预备航天员选拔和航天员确定等步骤。1993年，航天教练员开始选拔，其标准为具备航天员所需的身体素质和心理素质、具有丰富的理论知识和实践经验、具有高尚的敬业精神和为人师表的品格。选拔过程中设定了一系列基本条件和医学标准，以确保候选人的身体和心理状态适合太空环境。选拔内容包括基本条件审核、临床医学检查和特殊功能检查三大项。经过选拔，吴杰和李庆龙脱颖而出，成为中国航天员队伍的先驱。

1995年10月下旬，我国又开始进行首批预备航天员的选拔。借鉴美苏的经验，首批预备航天员主要从空军歼击机、强击机飞行员中选拔。选拔主要包括临床医学检查、特殊功能检查、心理选拔等。临床医学检查有100多条，包括内科、外科、精神科、神经科、眼科、耳鼻喉科和口腔科等多个类别。特殊功能检查包括心理功能、特殊耐力和心理素质几个方面，如对超重的耐受能力、前庭功能等。心理选拔包括心理访谈、心理测试、情景测试和心理调查等。通过严格的选拔，最终录取了12人为预备航天员。

1998年1月5日，中国第一支航天员队伍正式成立，包括12名预备航天员与之前选拔的吴杰、李庆龙两位航天员教练员。随后，航天员进入了紧张的训练阶段，包括基础理论训练阶段、航天专业技术训练阶段，以及飞行程序与任务模拟训练阶段等。

航天员训练是系统的训练，分为八大类，即基础理论训练、体质训练、航天环境适应性训练、心理训练、专业技术训练、飞行程序与任务模拟训练、救生与生存训练及大型联合演练。以上训练除大型联合演练外，均为航天员职业训练过程中必须完成的训练项目。

第一类训练是基础理论训练，开设了《载人航天工程基础》《航天医学基础》等13门基础理论课程，目的是使航天员了解载人航天的专业基础知识和相关领域的科学知识。

第二类训练是体质训练，在航天员训练的各阶段均占有大量的训练课时，以保持和提高航天员的体能素质和健康水平。

第三类训练是航天环境适应性训练，包括前庭功能，超重耐力适应性、失重飞机飞行、跳伞、航空体验飞行、飞船着陆冲击等训练，目的是使航天员了解飞船轨道飞行的环境特点，提高对外层空间环境的适应能力。

第四类训练是心理训练，包括心理咨询、心理表象训练、放松训练及心理相容性训练等，目的是使航天员进一步提高自我认知和自我调节能力，以塑造其完善的人格和良好的心理素质。

第五类训练是专业技术训练，作为航天员职业训练的主要内容，包括专业基础理论和专业技术操作等，目的是使航天员全面系统地了解载人航天工程的总体概况，并熟练掌握首次载人航天飞行所必须具备的各种技能及专业知识。

第六类训练是救生与生存训练，包括直升机吊救、着陆出舱、野外（沙漠、丛林等）生存、发射前紧急撤离等训练，目的是提高航天员发射前和返回后的个人救生与生存能力。

第七类训练是飞行程序与任务模拟训练，包括飞行文件学习、飞行程序模拟器训练等内容，使航天员在接近真实的飞船座舱环境中进行正常飞行程序训练和各种应急与故障模式飞行程序训练，通过该项训练，航天员可以进一步熟悉和掌握载人飞行任务和飞行程序，并能够综合运用和巩固各种专业技术知识和操作技能。

第八类训练是大型联合演练，包括发射场紧急撤离演练、人船联合测试、人船地联合测试和人船箭地联合检查等项目，参加大型联合演练是航天员执行载人飞行任务的前提，也是对航天员训练成果的综合检验。

经过长达5年半的严格训练和准备，中国航天员队伍终于迎来了首次载人航天飞行任务——神舟五号飞船的发射。根据任务需要，中国第一次太空载人飞行将由一名航天员来完成。2003年6月，航天员开始最后一个阶段的专业技术考试。这次考试在高度仿真的模拟器中进行，综合了5年多的学习训练的科目，很像实战前的演习。考试内容包括口试、笔试、实际操作3个部分。3h的笔试涵盖专业知识的各个方面，检验航天员的理论知识。口试最有特色，既评估航天员的语言表达能力，也考察他们对专业知识的掌握程度。最富有挑战性的是在模拟器上进行正常飞行程序和应急故障程序的操作考核。考评委员会分政治思想评价、专业技术及心理评价、医学评价3个小组，全面评估航天员的综合素质。整个考评历时2周，从14名预备航天员中挑选出5名进行强化训练，强化训练后选出3名航天员作为最后参加任务的备选人员，中国太空第一人要从他们中间产生。

通过一系列的考核，杨利伟、翟志刚、聂海胜3人胜出，组成首飞梯队。

2003年9月15日，14名航天员赴酒泉航天发射场进行为期一周的人（航天员）-船（飞船）-箭（火箭）-地（地面指挥控制）的大型合练。这次合练标志着中国第一次载人航天飞行进入倒计时阶段，所有准备工作都在为最终的发射日做准备。在经过一系列的选拔和考核后，杨利伟被最终确定为执行首次载人飞行任务的航天员。

2003年10月15日，神舟五号飞船发射入轨。这次任务，发射中心雷达测量站的工程师们不仅成功跟踪了飞船至近350km的轨道，而且首次清晰地拍摄到了逃逸塔分离，助推器分离，火箭一、二级分离和整流罩分离的宝贵影像资料。

在火箭上升的过程中，大约20s的振动让杨利伟感觉非常不舒服，后来发现是低频振动引起的。之后火箭研制人员通过减振、吸振，降、吸噪声等手段，定位和解决了低频振动问题，在神舟七号飞船上进行了验证并彻底解决。

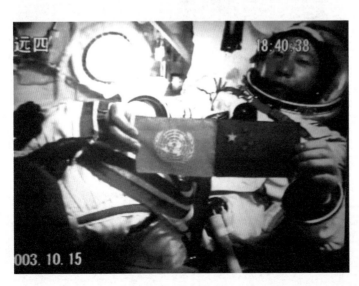

杨利伟在舱内并列展示
五星红旗和联合国旗
（图片来源：新华社）

2003年10月15日18时40分，神舟五号飞船运行至第7圈时，杨利伟在舱内并列展示了五星红旗和联合国旗，并用英语表达了中国政府和人民"和平利用太空，造福全人类"的美好愿望。

10月16日清晨6时23分，航天员杨利伟在太空飞行了21小时23分钟后驾驶神舟五号飞船顺利返回地球并平稳着陆。飞船实际着陆点与预定着陆点的误差仅为4.8km，这显示了中国在航天器返回技术上的高精度和高可靠性。

通过神舟一号到神舟四号4艘无人飞船和神舟五号1艘载人飞船的飞行验证，神舟飞船突破了载人飞船10多项关键技术，为后续载人航天任务奠定了坚实的基础。

中国首次载人航天飞行成功
（中国，2003）

中国航天事业创建五十周年（中国，2006）

神舟六号飞船

按照工程安排，神舟六号飞船任务中航天员将首次进入轨道舱并在其中进行工作和生活，第一次开展有人参与的空间科学和技术试验，第一次对飞船载人环境，特别是环境控制与生命保障能力进行长时间的考核，第一次获取在太空较长时间工作和生活的医学和工程数据。与神舟五号飞船相比，神舟六号飞船的任务由两名航天员执行，这是中国首次执行两人多天的太空任务，对航天员的团队协作能力提出了更高的要求，且神舟六号飞船的飞行时间是神舟五号飞船的5倍以上，这标志着中国载人航天任务的持续时间有了显著增加，为航天员提供了更多的时间来完成各种任务。

环境控制与生命保障系统（简称环控生保系统）一般可分为非再生式环控生保系统、再生式环控生保系统和受控生态生保系统3类。神舟六号飞船所用的是非再生式环控生保系统，就是航天员所需要的食物、氧气、水等都是直接从地面带上飞船的。环控生保系统的功能主要包括对舱内大气总压和氧分压进行控制，使舱内的压力标准与地面大气压标准一致；把舱内的二氧化碳和其他有害气体控制在适合人的要求范围；把舱内的温度和湿度控制在适宜范围；在舱内维持一定的空气流速，使舱内的气体的成分和温度、湿度分布较为均匀；为乘员的生活及卫生用水提供保障，配置饮用水、卫生和淋浴用水；为乘员提供营养丰富、适口的食品；收集与处理乘员的代谢废物（如大小便）；控制舱内的微量污染物，确保大气污染物不会对航天员生理、心理产生有害影响，不能影响航天任务的完成，不能对物理、生物学实验产生影响，也不妨碍医学监督；舱内应急和舱内航天服的保障；舱内的烟火检测和消防保障等。

神舟六号飞船在神舟五号飞船的基础上进行了数十项技术改进，对发射场、着陆场和测控通信网进行了十几个方面的优化完善。在这次任务中，火箭首次安装了图像实时测量系统，这一系统能够实时传输火箭从起飞到船箭分离等关键动作的画面。

神舟六号飞船飞行期间，航天员身上贴有电极，用于实时监测他们的呼吸、心率、血压和体温，并把数据实时传回地面控制中心，使医疗和工程团队能够随时了解航天员的健康状况，并在必要时采取行动。此外，神舟六号飞船任务还增加了很多操作，航天员需要学习在失重的环境下如何使用特制的工具吃饭、喝水、睡觉、大小便等。航天员还要多次穿脱航天服，在轨道舱和返回舱穿梭工作，以及在轨道舱中进行生活料理、科学实验等。神舟六号飞船在神舟五号飞船的基础上进行的技术改进主要包括增强的结构设计、改进的系统性能和更先进的生命保障系统等，使飞船具有了更高的安全性。

神舟六号飞船进行了空间生命细胞实验，搭载了小鼠的心肌细胞和成骨细胞，这些细胞在失重环境下的行为与地面条件下有所不同。通过观察这些细胞在太空中的生长、分裂和功能变化，科学家可以研究失重环境对心脏和骨骼系统的影响。同时，神舟六号飞船配备了对地观测设备，可以进行地球观测研究。

2005年10月12日，神舟六号飞船发射成功，费俊龙和聂海胜执行了这次任务。

10月17日凌晨4时33分，神舟六号飞船在太空飞行了115小时32分钟后，安全返回地面。

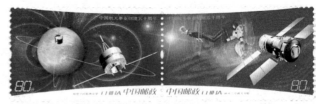

中国航天事业创建五十周年（中国，2006）

神舟七号飞船——第一次出舱

出舱技术是载人航天工程需要突破的关键技术之一，掌握出舱技术可以为未来建造空间站、在轨维护航天器等奠定基础。出舱活动主要需要突破飞船气闸舱、舱外航天服等关键技术。

飞船气闸舱主要解决泄压和复压的问题，航天员出舱前要将气闸舱内的空气排泄干净，使舱内外压力平衡，以便打开舱门，这个过程称为泄压。泄压时间过长，会失去最佳的出舱时机，影响航天员的安全；泄压时间过短，空气排不干净，剩下气体作用在舱门上，航天员就很难打开舱门。

舱外航天服的研制是神舟七号飞船任务最大的难点，因为几乎是从零起步。

舱外航天服就是一个小型的载人航天器，具有抵抗高真空、极端恶劣温度和辐射的能力，为航天员出舱活动提供环境防护和生命保障。它涉及机械、电子、材料等几十个学科专业，新技术达上百种。2004年7月，我国决定自行研制舱外航天服。舱外航天服的各种产品必须实现小型化、高集成度，确保安全。舱外航天服的手套是航天员出舱活动使用频率最高的部件，要保证航天员在抓握正负100多摄氏度的物体时不被烫伤或冻伤，还要保证关节的灵活性。舱外航天服最外层的真空屏蔽隔热服的织物既要能防辐射，又要能隔离高低温环境，还要能避免机械性损伤。而真空屏蔽隔热服的厚度只有2~3mm，有的地方只有几微米厚。经过47个月的艰难攻关，我国的舱外航天服研制成功。

2008年9月25日，神舟七号飞船发射。组装舱外航天服用了近20小时。

翟志刚穿上我国研制的舱外航天服进行了出舱活动，并在太空挥动鲜艳的五星红旗向地面控制中心报告，向全世界人民问好。在19分35秒的舱外活动中，由于飞船在轨道上的速度，翟志刚飞过了大约9165km。神舟七号飞船实现了"准确入轨、正常飞行、出舱活动圆满、安全健康返回"的目标，标志着我国成为世界上第三个独立掌握太空出舱技术的国家。

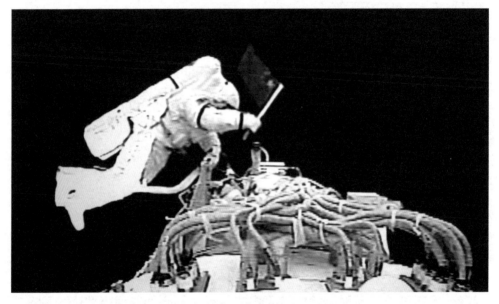

神舟七号飞船翟志刚出舱（图片来源：新华社）

在神舟七号任务中，航天员开展了伴飞小卫星释放、固体润滑材料舱外暴露试验等。伴飞小卫星总重量只有40kg，同时具有光学成像、机动变轨、伴随飞行、自主导航、测控数传等多种功能，成功进行了我国航天史上首次飞船在轨释放伴随卫星并相对非合作目标近距离绕飞的试验。该项试验标志着我国已经掌握了微小卫星在轨释放与运行控制技术，为未来空间多目标飞行运控、空间交会对接进行了演示验证。

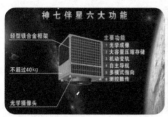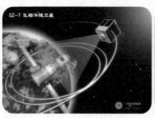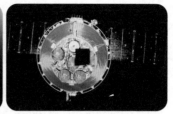

神舟七号飞船伴飞小卫星

　　固体润滑材料舱外暴露实验是我国首次由航天员在舱外操作的暴露回收实验，包括4类11种空间固体润滑材料，揭示了近地轨道空间环境（包括原子氧、紫外线、质子、电子辐射等）对润滑材料的损伤规律。通过实验数据，研究人员可以了解添加什么元素能够提高润滑材料在恶劣空间环境中的性能，从而促进长寿命、高可靠性空间润滑材料的研究与发展。

神舟七号飞船固体润滑材料舱外暴露实验

太空之吻——交会对接

空间交会对接技术与载人天地往返技术、出舱活动技术被称为载人航天的三大关键性基础技术，是通往空间站的必由之路，也是今后建造大型空间设施、执行在轨飞行器服务、进行深空探测的重要技术基础。研制天宫一号的主要目的是将其作为目标飞行器与神舟飞船进行对接，以验证空间交会对接技术。天宫一号发射后，陆续发射的神舟八号、神舟九号和神舟十号飞船分别与天宫一号进行了交会对接，对航天器空间交会对接技术进行了充分验证。

天宫一号是在飞船轨道舱基础上研制的全新的空间实验室雏形，要在轨飞行两年以上，除与神舟八号、神舟九号和神舟十号飞船交会对接外，它还承担了两项重要的任务——验证组合体的管理与控制，供航天员短时间驻留、实验。

交会对接机构是突破空间交会对接技术的关键技术之一，天宫一号采用的对接机构是当前世界上口径最大、技术最先进的一种对接机构，对接后的组合体可以实

天宫一号目标飞行器

现统一控制，这对于空间站的建设和运营至关重要。这种机构有两大优势：其一，对接机构是异体同构的，即交会对接的两个不同航天器上安装的是

天宫一号与神舟八号飞船交会对接
（图片来源：中国载人航天）

相同的对接机构，从而使任何一个航天器既可以作为主动对接方，也可以作为被动对接方。其二，对接后的中央通道可以作为航天员来往的通道，为航天员提供在不同航天器之间转移的能力。实际的交会对接过程可能只需7分钟，但这背后是航天人长达16年的技术积累和试验验证，通过长期的自主创新和技术攻关，攻克了多项关键技术。研制人员在地面上开展了1101次对接试验和647次分离试验，以确保对接机构的可靠性。

2011年9月29日，我国首个目标飞行器——天宫一号发射。

2011年11月1日，神舟八号飞船发射。11月3日凌晨，经过2天的太空追逐和5次变轨，神舟八号飞船到达了天宫一号的运行轨道。在神舟八号飞船到来之前，天宫一号降轨并调节方向，建立了倒飞姿态，准备交会对接。

航天（中国，2012）

在距离地球343km的轨道上，天宫一号和神舟八号飞船非常精准地进行了太空对接。

11月14日晚，两个飞行器成功分离。在经过短暂的分离后，成功进行了第二次交会对接，实现了两个飞行器之间的自动交会对接。

掌握交会对接技术，是中国载人航天"三步走"战略目标第二步的关键环节，为今后建立空间站奠定了坚实基础。从这一刻开始，中国正式成为继美国和俄罗斯之后世界上第三个独立掌握交会对接技术的国家。

11月17日，神舟八号飞船返回地面，天宫一号和神舟八号飞船交会对接任务取得圆满成功。

值得一提的是，在神舟八号飞船上，中德合作开展了空间生命科学实验，联合研发了通用生物培养箱，首次分析得到了数十种在微重力下发生改变的植物细胞骨架相关蛋白（14种蛋白质样品有12种结晶，结晶率达

在神舟八号飞船上，中德合作开展了丰富的空间生命科学实验

85.7%），发现了微重力环境痢疾杆菌四磷酸二腺苷酶分子组装方式改变的现象，成功筛选得到了数千种微重力相关差异基因，为未来空间高等植物栽培、空间环境下生物行为、损伤和遗传变异的研究及受控生态生命保障系统的建立提供了一定的理论依据，促进了空间生物技术的发展。

2013年6月20日，神舟十号航天员王亚平在天宫一号内通过电视直播的形式面向全国学生进行了太空授课。那是中国第一次、世界第二次太空授课。王亚平进行了质量测量、单摆运动、陀螺、水膜和水球共5项太空科学实验。

天宫二号——试验性空间站

天宫二号空间实验室主要有3个任务：一是完成航天员30天的中期驻留任务，考核面向长期飞行的航天员生活、健康和工作保障等技术；二是接受我国第一艘货运飞船（天舟一号）的访问，考核和验证推进剂补加技术；三是开展较大规模的空间科学和应用实验，以及在轨维修等技术验证。

SHENZHOU-11 S'AMARRE AU LABORATOIRE SPATIAL TIANGONG-2

REPUBLIQUE TOGOLAISE
Poste 2016

Chen Dong et Jing Haipeng 3500F

中国天宫二号空间实验室、神舟十一号飞船和中国空间站（多哥，2016）

天宫二号与天宫一号外观基本一样，由实验舱和资源舱组成，全长10.4m，重8.6t。在内部设施方面，天宫二号配备了多功能工作台和笔记本计算机等，航天员不仅可以开展工作，还可以进行娱乐、阅读、进餐等。天宫二号对通风口进行了改进，降低了噪声，提高了航天员的舒适度。在睡眠区，灯光可以调节，广播也可以关闭，床头还有一个蓝牙音响设备，可以接收地面的紧急呼叫。同时，航天员在太空可以收看电视节目，与家人进行短信交流。天宫二号还配备了健身单车、跑步机、拉力器等健身设备，方便航天员进行体能锻炼。

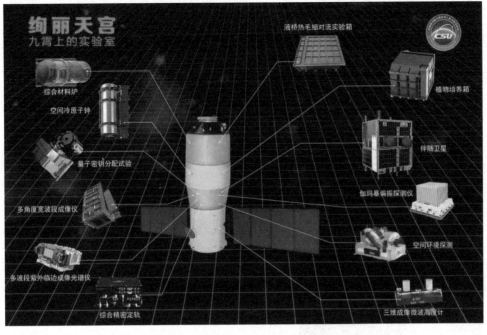

天宫二号搭载的科学实验设施（图片来源：中国科学院）

2016年9月15日，中国第一个真正意义上的空间实验室"天宫二号"发射升空。

天宫二号空间实验室开展了空间冷原子钟、γ暴偏振探测、空地量子密钥分配试验、空间植物研究、空间材料制备、微波成像高度计等14项科学与应用任务，涉及微重力基础物理、空间生命科学、空间材料科学、空间地球观测等学科方向。此外，天宫二号还释放了一颗伴随卫星，与天宫二号伴飞，开展了联合试验。

天宫二号搭载了由我国科学家研制的国际第一台空间冷原子钟，实现频率日稳定度7.2×10^{-16}的国际领先水平（精度达到了3000万年误差小于1s），抢占了国际空间时频研究的制高点，领先

天宫二号空间冷原子钟

欧洲ACES（原子钟确保全球超高精度）计划7年。

中国科学院高能物理所与瑞士日内瓦大学合作，采用康普顿散射测量原理，在国际上首次实现了 γ 暴高灵敏度偏振探测，开辟了 γ 射线偏振观测新窗口，获得了自1960年以来的最佳偏振观测结果，发布在国际 γ 暴协同观测网络（GCN），引起国际同行的广泛关注。

在空间生命科学方面，航天员首次在空间实验室完成了拟南芥（一种模式植物）从种子到种子的全生命周期培育，探索了微重力条件下长日照和短日照植物的光周期诱导开花规律、调控机理和基因表达变化等。

在空间材料科学方面，科学家们研制了综合材料实验装置，进行了半导体材料、光电子材料、金属合金、新型功能晶体、纳米

短日照水稻、拟南芥可见光图像

和复合材料等多种材料的加工制备实验，取得了大量发明专利，突破了国际首例大尺寸优质单晶ZnGe（锌锗）基晶体的制备技术，为利用薄膜技术制造HgCdTe（汞镉碲）等重要红外器件材料奠定了基础；以空间铁电薄膜外延生长样品制作的非制冷红外探测器件性能比地面提高至少一个量级；空间实验获得的专利已广泛应用于华为、OPPO等公司的量产零部件中，为解决国家急需材料问题作出了贡献。

天宫二号材料实验炉

空间材料实验样品

三维成像微波高度计观测的海陆交界形态图像

同时，科学家们开展了多角度宽波段成像仪、三维成像微波高度计、紫外临边探测仪等对地观测新体制和新技术的验证。其中，三维成像微波高度计实现了海洋宽幅、高精度三维成像，领先美法合作SWOT（Surface Water and Ocean Topography，地表水和海洋地形学）卫星6年，在海洋环流监测、陆地地形和水体测量等方面获得重要应用成果，技术已应用到中国的海洋动力观测卫星和"观澜号"海洋科学卫星等任务中。紫外临边探测仪和多角度宽波段成像仪也应用到了风云系列卫星和新一代海洋水色卫星等任务中。

此外，天宫二号还开展了来自香港中学生的太空养蚕、水膜反应和双摆实验这3项科普实验。10月23日7时31分，天宫二号成功释放了伴飞卫星，航天员景海鹏和陈冬使用手持摄像机在舱内拍摄到了伴随卫星从天宫二号下方百米掠过的视频。伴随卫星成功拍摄到了天宫二号和神舟十一号飞船组合体的可见光图像，这些图像

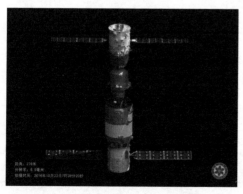

伴飞卫星拍摄的组合体图像

对于科学研究和工程分析具有重要价值。

天宫二号空间实验室不仅开展了多学科方向的空间科学与应用研究，还成功进行了在轨推进剂补加、利用机械臂的在轨维修技术等试验验证，为后续空间站的建造奠定了坚实基础。2017年4月22日，天宫二号与天舟一号货运飞船完成对接任务，形成组合体；4月27日，完成中国首次推进剂在轨补加试验；6月19日，天宫二号和天舟一号完成绕飞及第二次交会对接试验；9月12日，完成自主快速交会试验；2019年7月19日，天宫二号受控离轨并再入大气层，少量残骸落入南太平洋预定安全海域。

空间站拉开序幕

　　2010年10月27日，一则标题为《我国载人空间站工程正式启动实施》的消息出现在各大媒体。新闻发言人表示，我国载人空间站工程已正式启动实施，2020年前后将建成规模较大、长期有人参与的国家级太空实验室。我国载人空间站工程分为空间实验室和空间站两个阶段实施。计划在2016年前研制并发射空间实验室，突破和掌握航天员中期驻留等空间站关键技术，开展一定规模的空间应用；计划在2020年前后研制并发射核心舱和实验舱，在轨组装成载人空间站，突破和掌握近地空间站组合体的建造和运营技术，以及近地空间站长期载人飞行技术，并开展较大规模的空间应用。

　　自此，中国载人空间站正式开始建造。

中国共产党第十八次全国代表大会（中国，2012）

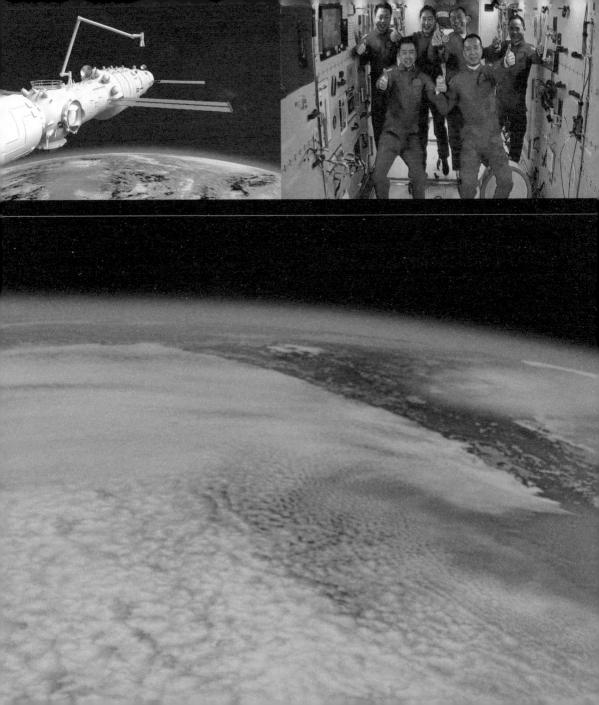

第 3 章

揭秘前沿

——带你走近中国空间站

中国空间站工程由十四大系统组成，主要有航天员系统、空间应用系统、载人飞船系统、货运飞船系统、长征二号F运载火箭系统、长征七号运载火箭系统、长征五号B运载火箭系统、酒泉发射场系统、文昌发射场系统、测控通信系统、空间实验室系统、空间站系统、着陆场系统和光学舱系统。其中，航天员系统的主要任务是保障航天员长期在轨健康生活和高效工作；空间应用系统主要负责空间站的科学研究与应用任务；空间站系统主要负责天宫空间站的研制建设和平台运行；测控通信系统主要承担对航天器和火箭的跟踪、测量、遥测、遥控、数据传输以及天地话音图像通信任务；载人飞船系统、货运飞船系统、长征二号F运载火箭系统、长征七号运载火箭系统、长征五号B运载火箭系统等共同实现空间站人与物资的天地往返运输；酒泉发射场系统、文昌发射场系统和着陆场系统等共同执行空间站的地面支持保障任务。

中国航天发展（中国香港，2022）

"和平号"空间站的积木式构型

空间站的构型

　　空间站通常由多个舱段构成，通过多次发射在轨完成组装建造。它具有多个对接口，可同时对接多艘载人飞船和货运飞船。空间站的典型构型有俄罗斯"和平号"空间站的积木式构型，还有国际空间站的桁架挂舱式构型。积木式空间站的每个舱段采用独立的电源和控制系统，可以独立飞行，也可以通过对接组装建造为组合式空间站；桁架挂舱式空间站的每个舱段都设计了特定的功能，舱段之间的设计使得它们可以协同工作以发挥各个舱段的最大效能，组装建造需要机械臂和航天员出舱活动共同支持完成。

国际空间站的桁架挂舱式构型

中国天宫空间站综合了积木式构型和桁架挂舱式构型的特点，形成了独特的三舱"T"字构型，采用这种构型质心居中，稳定性好，姿态控制消耗燃料少。中国空间站由天和核心舱、问天实验舱和梦天实验舱组成，天和核心舱位于"T"字形的中心，问天实验舱和梦天实验舱分别位于天和核心舱的两侧，每个舱段都具有自主飞行的能力，在形成组合体后，3个舱段既分工明确又功能互补，共同支持空间站的运行。空间站设计有多个对接口，可用于停泊载人飞船和货运飞船，空间站资源统一调配使用，是一种比较有特色的空间站设计。

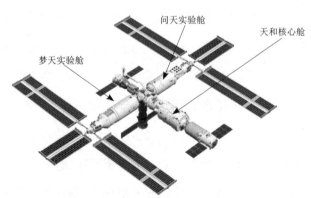

天宫空间站组合体构型

空间站的功能

　　天宫空间站的天和核心舱作为空间站管理和控制的核心，主要实现对空间站组合体的控制，包括对空间站能源、信息、环境、姿态和轨道等的控制，既可以支持航天员长期在轨生活，也可以支持载人飞船、货运飞船及其他来访飞行器对接，同时还支持航天员出舱活动和空间科学实验。问天实验舱也具有对空间站进行管理和控制的能力，是空间站核心舱管理和控制功能的备份，具有比核心舱更强的航天员出舱活动和空间科学实验支持能力。梦天实验舱是三舱中空间科学实验支持能力最强的舱段，同时具备支持货物进出密封舱的能力。

　　天和核心舱由节点舱、小柱段、大柱段、资源舱、后端通道段等组成，舱段长度为16.6m，舱体最大直径为4.2m，太阳电池翼展开宽约为28m，密封舱航天员的活动空间为51m³，舱内通过尺寸为2m×2m，内部设有3个睡眠区、1个卫生区，以及就餐区和锻炼设备。

　　节点舱用于载人飞船、货运飞船，以及空间站其他舱段与其的对接停靠，并具备气闸舱功能，航天员可以通过它进出空间站，朝天方向为出舱口。小柱段舱内设有3个睡眠区、1个卫生区；舱外配置有7个自由度的大机械臂，具有可伸展、抓取等操作能力，它的作业半径近10m，最大负载达25t，主要承担大负载转移等任务。

　　大柱段安装了6个控制力矩陀螺，空间站姿态的控制主要依靠这些力矩陀螺。密封舱内装有再生式环境控制与生命保障系统、蓄电池组等设备和无容器材料科学实验柜、人系统研究机柜和高微重力科学实验柜4个有效载荷机柜。

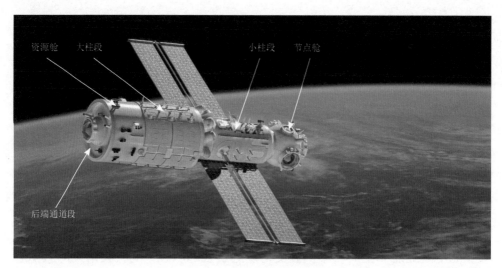

资源舱　大柱段　　　　　　　小柱段　节点舱

后端通道段

天和核心舱组成

　　资源舱为非密封舱，主要装有姿态和轨道控制发动机、推进剂贮箱与补加设备及霍尔电推力器等。

　　问天实验舱由工作舱、气闸舱和资源舱组成，舱段长度为17.9m，舱体最大直径为4.2m，柔性太阳翼展开宽度为55.6m，工作舱和气闸舱为密封舱，航天员活动空间约为39m³。它也有3个睡眠区和1个卫生区，在航天员乘组轮换时可支持航天员在轨生活。问天实验舱内装载了平台设备和生命生态实验柜、生物技术实验柜等8个有效载荷机柜，还安装有6个控制力矩陀螺，与核心舱的控制力矩陀螺共同完成空间站姿态控制。

　　问天实验舱外配置了7个自由度的小机械臂，作业半径为5m，最大负载为3t。核心舱和问天舱外的这两个机械臂可独立使用，也

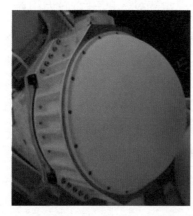

空间站舱外的控制力矩陀螺

可组合使用，组合后作业半径达15m，在空间站外表面可以灵活移动，可协同执行空间站舱段转位、舱外载荷安装与维修维护以及辅助航天员出舱等任务。问天实验舱的气闸舱具有比核心舱节点舱更大的舱内空间和出舱门，对航天员出舱

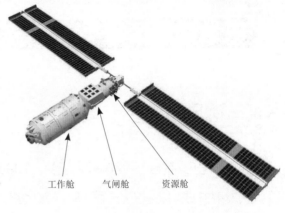

问天实验舱组成

活动支持能力更强，是出舱活动的主要出舱口。

梦天实验舱由工作舱、载荷舱、货物气闸舱和资源舱组成，它的主要功能就是开展科学实验。它的舱段长度、舱体直径、太阳翼展开尺寸与问天实验舱基本相同，密封舱航天员活动空间超过32m³。它装载有超冷原子物理实验柜、流体物理实验柜、高温材料科学实验柜、变重力科学实验柜等13个有效载荷机柜，可支持基础物理、流体、材料、燃烧等学科领域的科学与应用实验。最具特色的货物气闸舱有对地方向的自动舱门，实验载荷和样品单元等可由机械臂从货物气闸舱中取出与放入。

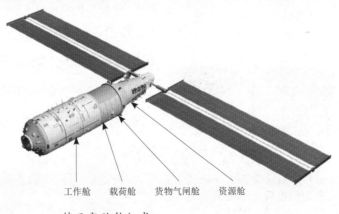

梦天实验舱组成

天地往返运输

长征二号 F 火箭

长征二号F火箭自1992年开始研制，1999年11月20日首次发射并成功将神舟一号飞船送入太空，之后成功发射了10余艘神舟系列飞船。它是载人运载火箭，主要负责把空间站航天员乘组运送至太空，是空间站建造和长期运营最为重要的火箭之一。它高达58.3m，起飞重量近480t，采用捆绑4个助推器的两级半火箭布局，从箭顶到箭尾，依次为逃逸塔、飞船整流罩、芯二级、芯一级及4个助推器。其中芯级直径为3.35m，助推器直径为2.25m，整流罩直径为3.8m，芯级和助推器均使用四氧化二氮和偏二甲肼推进剂，近地轨道运载能力约为8t，这也是目前使用的载人飞船的重量。

中国空间站——天地往返
（中国，2022）

国际宇航大会第四十七届
年会——中国长征运载火箭
（中国，1996）

长征二号 F 火箭

长征二号F火箭主要由箭体结构、动力装置、控制系统、推进剂利用系统、遥测系统、地面支持系统、故障检测处理系统和逃逸救生系统等组成，其中故障检测系统和逃逸救生系统是在长征二号E火箭基础上为载人运载火箭所增加的系统。

故障检测处理系统在火箭飞行过程中实时监测火箭的状态，对火箭出现的故障进行判断，当判定火箭出现需要逃逸的故障时，向逃逸救生系统发出信号。逃逸救生系统是专为载人飞行任务设计的，在火箭的待发段和上升段飞行过程中，如果检测到可能威胁到航天员生命安全的严重故障，能够使飞船及时逃离危险区，并为其返回着陆提供必要的条件。

通过一系列的技术创新和设计改进，长征二号F火箭的可靠性由原来的0.97提升至0.9903，由于有逃逸救生系统，航天员的安全性为0.99996，确保了载人飞船的安全发射。长征二号F火箭采用垂直总装、垂直测试、垂直转运的"三垂"测试发射模式，使用"三垂"模式使火箭在发射场的装配、检测和试验等大部分工作在技术区进行，技术区的垂直测试厂房可以改善火箭测试环境，缩短发射准备时间。由于长征二号F火箭主要用于发射载人飞船，而酒泉卫星发射中心地处西北内陆，干旱少雨，气候条件好，一年中有320天适合火箭发射，而且火箭残骸通常会降落在广阔的无人区，因此长征二号F火箭选择在酒泉卫星发射中心发射。

长征七号火箭

长征七号火箭于2016年6月25日首飞，是为了发射我国载人空间站货运飞船而研制的高可靠性、高安全性的新一代中型运载火箭。它采用两级半构型，高53.1m，芯级直径为3.35m，并联4个直径为2.25m的助推器，芯一级、芯二级和4个助推器均采用液氧煤油发动机，芯一级装有2台推力为120t的发动机，每个助推器装有1台推力为120t的发动机，而芯二级装有4台推力为18t的发动机。它的起飞重量近600t，近地轨道运载能力为13.5t，这是目前使用的天舟货运飞船的重量。

长征七号火箭上的120t液氧煤油发动机（YF-100）采用了世界先进的高压补燃系统，燃气经涡轮做功后进入燃烧室进行二次燃烧，使推进剂的化学物质能得到充分释放，有效提高了发动机的性能，比冲在常规发动机基础上提高了20%。它还使用了无毒无污染的液氧煤油推进剂，不但环保，而且可以降低火箭的发射成本。

长征七号火箭

火箭使用的液氧的温度为-183℃，因此必须在保持低温、隔热等方面采取措施，它的低温贮箱需要与外界空气相隔绝，因此设计了1～2cm厚的隔热结构，同时为了防止火箭外表面因低温而水蒸气凝结，还需要进行防水设计。

长征七号火箭为了实现大推力，其助推器长度设计为现役火箭助推器的2倍，长约27m，同时为了确保安全可靠，固定助推器的捆绑点由2个增加为3个。

　　长征七号火箭在海南文昌航天发射场发射，采用海运方式从天津等北方港口运到文昌航天发射场。由于文昌地区风速较大，且我国台风预测通常仅能提前一周，因此文昌航天发射场为火箭设有专门的脐带塔，即为火箭及航天器提供电、气、液连接支撑和分离的塔状建筑物。塔高约64.5m，分上、中、下3段，它的两侧装有6根摆杆，内部铺设有推进剂加注管道、供气和空调管路及控制电缆等。此外，由于长征七号火箭发射时的温度高达3000℃，因此文昌航天发射场的火箭发射平台采用喷水降温措施，通过水气化蒸发带走大量的热，以保护发射平台的安全。

脐带塔（图片来源：中国载人航天）

长征五号火箭

2016年11月3日，长征五号运载火箭首飞成功，填补了我国大型运载火箭的空白，使我国运载火箭技术大幅跃升。它主要有两种型号，一种是两级半构型的长征五号火箭，另一种是一级半构型的长征五号B火箭。这种新的火箭构型方案比上一代火箭减少了一级，两级半的长征五号火箭可完成传统的三级半火箭的任务，一级半的长征五号B火箭可完成传统的两级半火箭的任务。

长征五号火箭高57m，芯级直径为5m，比长征二号火箭和长征七号火箭都要粗，故称"胖五"，并联有4个直径为3.35m的助推器。火箭芯一级装有2台推力为50t的液氢液氧发动机，芯二级装有2台推力为8.83t的液氢液氧发动机，并联的4个助推器每个装有两台推力为120t的液氧煤油发动机，相加后它的起飞推力达到了1000t以上，起飞重量达870t，近地轨道运载能力达25t，达到国际先进水平。它的整流罩直径为5.2m，长度约为12m。

长征五号B火箭高53.66m，与长征五号火箭的区别主要在于没有芯二级，起飞重量约为849t，比长征五号火箭略小。它

约12.5m

约20.5m

CZ-5   CZ-5B

长征五号火箭和长征五号 B 火箭

的整流罩直径也为5.2m，但长度为20.5m，之所以使用更大的整流罩是为了运输体积较大的空间站舱段。

长征五号火箭之所以采用大推力液氧煤油的助推器与小推力液氢液氧芯级的组合，是为了利用大推力液氧煤油发动机确保火箭的起飞推力，提升火箭运力；而利用小推力、高比冲的液氢液氧发动机的长时间工作，可以减少火箭级数，这种设计充分发挥了液氧煤油和液氢液氧两种动力的优势，使火箭的整体性能得到提升。

由于长征五号火箭芯一级采用了液氢液氧发动机，而液氢工作在−253℃的超低温下，因此与长征七号火箭相比，其在保持低温、隔热、防水等方面要采取更为严格的措施。火箭低温液氢贮箱的最小厚度仅为3.5mm，采用了先进的结构设计和搅拌摩擦焊等制造技术，使我国大型低温贮箱设计

文昌 2000t 级活动发射平台及长征五号 B 火箭

与制造水平得到大幅提升。

长征五号和长征五号B火箭均在海南文昌航天发射场发射,采用海运方式从天津运到文昌。它采用新的"三垂"测试发射模式,火箭进发射场后在2000t级活动发射平台上完成组装,在垂直厂房完成测试后,直接转运到发射区进行发射,缩短了在发射区的准备时间,既可应对文昌航天发射场极端气象条件多发的状况,又可提高发射的可靠性。

神舟载人飞船

载人航天的发展由神舟飞船起步,30年来,由无人飞船到有人飞船,再到空间站,载人飞船在不断发展和创新,推动载人航天事业不断前进。截至2024年10月,我国已成功发射了19艘神舟系列飞船,其中5艘是无人飞船,14艘是载人飞船。目前在建造空间站阶段,神舟飞船已形成技术成熟的载人航天往返运输系统。

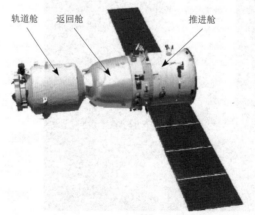

轨道舱　返回舱　推进舱

神舟载人飞船的组成

神舟载人飞船的主要作用是运送航天员乘组进入空间轨道和安全返回地面，并具备少量有效载荷上下行运输能力。空间站科学实验需要下行开展地面研究的生命和材料实验样品一般通过神舟飞船返回地面。它由轨道舱、返回舱和推进舱组成，总长约9m，重量约8t，最大直径为2.8m，乘员最多为3人。飞船上行载荷不小于300kg，返回实验样品等载荷近100kg。飞船可自主飞行5天，停靠空间站飞行180天。

神舟载人飞船的轨道舱为密封舱，一端与返回舱相连，另一端与空间对接机构连接，以便与空间站交会对接。航天员除上升和返回时进入返回舱以外，主要在轨道舱里工作和生活。轨道舱还有一个直径为0.53m的观察窗，在尾部有4组小型推进发动机，在留轨工作期间为轨道维持和姿态控制提供动力。

返回舱也是密封舱，位于飞船中部。它是飞船的控制中心，内部有供3名航天员斜躺的座椅。舱内还装有返回着陆用的主用、备用降落伞，包括引导伞、减速伞和主伞等。返回舱外部有烧蚀式防热层以及球冠大底，以便在返回舱再入大气层返回时保护航天员和飞船的安全。

推进舱采用非密封舱结构，呈圆柱形，长3m左右，直径为2.5m，舱外装有太阳能电池翼、姿控和轨控发动机、交会对接平移和反推发动机、中继通信天线等，为飞船提供电源、姿态和轨道控制的动力等。

飞船在再入大气层返回时依次完成轨道舱和返回舱分离、返回制动、推进舱和返回舱分离等，返回舱单舱返回。返回舱采用弹道-升力式再入方式，为获得一定的升力，返回舱以一定的攻角再入大气层，经过再入大气减速、降落伞减速后，抛掉防热大底，由返回舱底部的反推发动机将返回舱降至1~2m/s的速度软着陆，减小返回舱着陆时的冲击。

在空间站运营阶段,神舟飞船每年发射两艘、返回两艘,实现航天员乘组每半年的轮换。飞船停靠空间站时间长达半年,这对神舟飞船的载人环境控制、交会对接、返回控制、应急救生等方面提出了更高的要求。为此,神舟飞船发展了6.5h的自主快速交会对接模式、5圈快速返回模式以及8.5天的快速应急救援方案等,为空间站长期持续运行提供可靠保障。

天舟货运飞船

天舟货运飞船是空间站的"快递小哥",它有5个主要任务:一是为空间站补加推进剂,运送需要维修和更换的平台设备;二是为航天员运送生活所需的氧气、水和食物等生活用品;三是上行运输新的空间研究设施、科学实验装置和研究项目所需的科学实验样品等;四是配合空间站进行组合体轨道和姿态控制;五是将空间站上的废弃物和航天员生活垃圾带回,在再入大

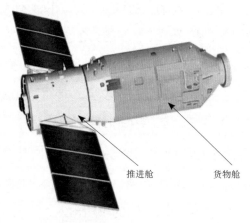

推进舱   货物舱

天舟货运飞船

气层时烧毁。天舟货运飞船起飞重量约13.5t，具备上行运送7.4t有效载荷及推进剂的能力。目前天舟货运飞船为全密封货舱，后续根据任务需要可改装为半密封货舱或全开放货舱。

天舟货运飞船由货物舱和推进舱组成，最大长度约10.6m，舱体最大直径为3.35m，太阳电池翼展开宽度为14.9m。全密封货物舱容积约为40.5m^3，载货容积约为23m³。天舟货运飞船前部为交会对接机构，舱外装有轨道控制发动机、平移和反推发动机，可实现6.5h全自主快速交会对接和3h、2h超快速交会对接。通过优化设计，天舟货运飞船的上行能力不断获得提升，运输效率不断提高，能够更好地服务于空间站长期运营和应用载荷上行。

空间站天地支持保障系统

空间站天地支持保障的涵盖范围很广，系统复杂，这里无法做到面面俱到，以下仅对空间站环境控制与生命保障、测控通信、载人飞船返回着陆等天地支持保障的关键功能及系统进行简要介绍。

环境控制与生命保障系统

空间站环境控制和生命保障系统是空间站系统的组成部分，它负责在空间站中创造和维持类似地面人类生活的环境条件，保障航天员在轨生活和工作，包括空间站内的空气环境控制、生活物质条件保障和应急状态下的生命保障等。它的主要任务有空气管理、水管理、食物供应、废物管理和航天员安全保障。其中空气管理包括舱内通风、温度和湿度控制、空气成分和压力控制、空气过滤、氧气和氮气产生、二氧化碳去除等，水管理包括空间站饮用水、卫生用水以及再生水的综合管理。

空间站配备了非再生式环控生保系统和再生式环控生保系统，非再生式环控生保系统提供环控生保系统基础功能和应急状态下的生命保障功能，再生式环控生保系统负责空间站供氧、空气净化和水的回收利用，它主要由电解制氧系统、CO_2还原系统、温湿度控制系统、尿液处理系统、水处理系统、水管理系统等组成，将航天员在空间站产生的废水、废气进行回收、处理和再利用。

空间站大气控制主要包括氧分压控制、CO_2分压控制、微量有害气体浓

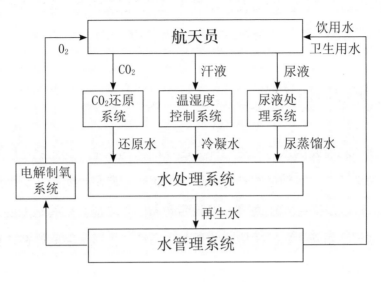

空间站再生式环控生保系统

度控制、微生物控制和湿度控制。其中，氧分压控制通过水电解制氧和气罐存储供氧共同实现，CO_2分压控制以再生式CO_2去除系统为主要设备，非再生式CO_2去除系统为备选设备。再生式CO_2去除系统将空气中的CO_2收集浓缩，经吸附剂吸收后，低CO_2浓度气流返回舱内，而富集在吸附剂中的CO_2排向CO_2还原系统进行再利用或排向舱外。

　　空间站水再生利用系统主要对航天员的尿液和汗液等进行回收利用。航天员的尿液经收集和预处理后，通过低压蒸馏和净化处理，产生满足饮用水和电解制氧用水要求的水。航天员的汗液通过冷凝除湿的方式进行收集后，经过净化处理，同样满足饮用水和电解制氧用水等要求。而CO_2还原系统通过CO_2和H_2催化反应后，生成再生水，也可用于航天员饮用、卫生冲洗和电解制氧等。

　　根据空间站试验验证，空间站再生式环控生保系统实现在轨水资源闭合度达80%以上，氧气和水在空间站循环利用的程度较高，大大降低了对地面补给的依赖程度，减轻了空间站物资上行运输的压力。

空间站测控通信系统

　　空间站测控通信系统的主要任务是在地面测控站、海上测量船和天基中继卫星的支持下，实现空间站的跟踪与测定轨、遥测与遥控、天地通信、高速数据传输以及交会对接通信、出舱活动通信等功能。空间站测控通信系统是空间站与地面通信和数据传输的重要生命线，为载人空间站在轨正常工作提供重要保障。

中国船舶工业—航天测量船（中国，2015）

通信卫星地面站（柬埔寨，1987）

　　空间站测控通信系统主要利用地基和天基两种手段。其中，地基测控通信手段包括地面测控站和海上测量船，它的优势为地面测控站分布比较广、海上测量船灵活机动，可通过协同工作来保证发射与返回任务的可靠性，它的缺点是无法实现全球布站，测控覆盖的轨道范围有限；而天基测控通信手段主要利用中继卫星系统和卫星导航系统，具有较高的轨道覆盖率，可实现长时间天地通信。

载人航天测控通信系统发展分3个阶段：第一阶段是神舟一号飞船到神舟五号飞船阶段，主要采用地基测控通信手段，该阶段测控覆盖率仅为16%；第二阶段是神舟六号飞船到神舟十一号飞船，以及天宫一号目标飞行器和天宫二号空间实验室等任务阶段，该阶段首次在国内实现了基于中继卫星系统的天基测控，在神舟七号飞船任务时测控覆盖率为60%左右，在天宫二号任务时基于3颗中继卫星实现了88%的测控覆盖率；第三阶段是空间站阶段，空间站阶段采用统一设计、统一标准的天地一体网络化测控通信体制，基于IP技术的空间信息网络化传输协议体系，以及基于机器学习空间站天地网络TCP传输性能优化方法，实现了100%的测控通信覆盖率，1.2Gbit/s的中继数传能力，使航天员在太空能与家人进行网络通话和视频聊天，也可在轨上网及收发电子邮件等，大大提高了航天员在空间站生活的舒适性。

在返回舱到达距地面约80km时，即进入黑障区。这时快速下降的返回舱与空气剧烈摩擦产生高温，达1000℃以上，返回舱周围的空气被电离，出现等离子体鞘，这种情况下无线通信没法工作，返回舱与地面无法联系。当返回舱下降到40km左右时，将驶出黑障区，返回舱重新与地面建立联系。返回舱穿出黑障区时，速度约为2km/s。

着陆场系统

着陆场系统是载人航天工程的组成系统之一，它的主要任务是对返回飞船进行捕获跟踪、搜索与回收，对出舱后的航天员进行健康监测与保障、医疗救护等。经过30余年的发展，我国逐步形成了由主着陆场、副着陆场、陆上应急救生区和海上应急救生区等构成的着陆场系统，为载人航天工程的发展提供了保障。

面积达 1200 ㎡的主降落伞

着陆场的选择主要考虑以下4个方面：一是地势平坦、开阔，人烟稀少，自然条件适宜。二是当地纬度与飞船轨道倾角接近，那么飞船在每次轨道周期内经过该地区的圈次会增多，从而增加返回的机会；三是着陆场气候条件好，雷暴、大风等极端天气概率低；四是距离国境线较远，返回舱不会着陆在国外。

基于以上选择条件，载人航天两个着陆场的选择分别为东风着陆场和四子王旗着陆场。在神舟载人飞船阶段和空间实验室阶段，主着陆场为四子王旗着陆场；在空间站阶段，由于空间站任务可能要持续10年甚至20年，需要依托酒泉卫星发射中心实现长期搜救值守，因此主着陆场选为东风着陆场。

载人飞船返回主要经历飞船与空间站分离、制动离轨、轨道舱和返回舱分离、返回制动、推进舱和返回舱分离、再入大气减速、降落伞减速、反推发动机制动等步骤。其中，经过大气层减速后，返回舱速度约为200m/s，在距地面约10km的高度打开降落伞，返回舱速度将降至8～10m/s，当返回舱距离地面约1m时，反推发动机启动，使返回舱速度降到2m/s左右，同时航天员座椅抬升以缓冲落地冲击，最终实现航天员软着陆。

　　在返回舱着陆前，着陆场系统派出搜救分队前往着陆区域，包括空中搜救分队和地面搜救分队。空中搜救分队包括5架直升机，主要有1架指挥机、1架通信机、1架医监医救机和2架医疗救护机，到达指定区域后保持200m的高度在空中待命，在接到指令后精准降落在返回舱附近。地面搜救分队包括若干辆特种车辆，其中包括3辆医监医保车，每一位航天员配备一辆医监医保车，车上配备了医疗监护设备，可以对航天员进行医学监测、医疗卫生保健，还配备了热水系统和微波炉，确保航天员出舱后能够得到很好的照护。

返回舱降落在东风着陆场（图片来源：中国载人航天）

空间站建设过程

空间站工程主要分为关键技术验证、空间站建造和空间站运营3个阶段。关键技术验证阶段规划了6次飞行任务，任务完成评估后满足在轨建造空间站条件时进入第二阶段。在空间站建造阶段，通过发射天和核心舱、问天实验舱、梦天实验舱以及神舟飞船、天舟货运飞船等，建造我国近地载人空间站。空间站运营阶段又称为应用与发展阶段，将开展长达10年乃至20年的大规模空间站科学研究与应用。

天和核心舱

2021年4月29日，中国空间站天和核心舱发射升空，准确进入预定轨道，任务取得成功。其轨道高度约389.47km，倾角41.581°，运行速度约7.68km/s。天和核心舱进行了为期16天的在轨测试评估，开展了空间站平台、机械臂、交会对接、再生式环控生保系统等关键功能测试验证。

天舟二号货运飞船发射

2021年5月29日，空间站首飞货运飞船即天舟二号发射入轨。5月30日，天舟二号货运飞船与天和核心舱对接成功，采用无人快速交会对接，用时约8h。天舟二号货运飞船上行了推进剂、新型舱外航天服、航天员的生活物资及应用载荷等，总重高达6.8t。本次任务进行了推进剂补加和4次交会对接试验，以及飞船绕飞、机械臂转位舱段验证。航天员在空间站舱内进行飞船遥操作交会对接等多项试验，成功开展了货运飞船与空间站2h快速交会对接试验。

机械臂转位货运飞船

神舟十二号飞船任务

2021年6月17日，神舟十二号飞船发射成功，它在轨开展了航天员长期驻留、再生式环控生保、空间物资补给、出舱活动、在轨维修等空间站建造与运营关键技术的在轨验证，首次检验了东风着陆场的航天员搜救能力，还开展了多领域的空间科学与应用实验。发射当天，神舟十二号飞船采用自主快速交会对接模式对接到天和核心舱前向端口，用时约6.5h，随后航天员聂海胜、刘伯明、汤洪波进入核心舱。3名航天员在轨期间开展了核心舱组合体的日常管理、两次出舱活动及舱外操作等任务。

随后，天舟三号货运飞船、神舟十三号飞船、天舟四号货运飞船和神舟十四号飞船接续发射，为空间站的建造做好了物资、设备和技术准备。

问天实验舱发射

2022年7月24日，问天实验舱由长征五号B遥三火箭发射成功，7月25日问天实验舱对接于天和核心舱前向端口，随后航天员开展了问天实验舱平台测试、科学实验柜解锁与测试、小机械臂解锁与测试、空间站组合体管理等任务。9月1日，神舟十四号航天员陈冬和刘洋首次从问天实验舱气闸舱出舱进行了约6h的出舱活动，验证了问天实验舱气闸舱和出舱活动的支持能力。9月17日，神舟十四号航天员陈冬和蔡旭哲进行了约5h的出舱活动，完成了舱外助力手柄安装、载荷回路扩展泵组安装和舱外救援验证等任务，并对航天员与问天实验舱小机械臂协同工作的能力进行了验证。9月30日，问天实验舱完成了转位，空间站组合体由两舱"一"字构型转变为两舱"L"构型。

梦天实验舱发射

2022年10月31日，梦天实验舱在文昌发射场发射成功。11月1日，梦天实验舱成功对接于天和核心舱前向端口，11月3日完成转位，航天员乘组进入梦天实验舱。3个大型舱段构建形成"T"字构型空间站组合体，空间站在轨组装完成。11月29日，神舟十五号飞船发射入轨。11月30日，神舟十五号与神舟十四号航天员会师，中国空间站首次实现6名航天员在轨飞行。

神舟十五号与神舟十四号飞船 6 名航天员在中国空间站会师（图片来源：新华社）

截至2022年年底，我国空间站完成建造，成为真正的国家太空实验室，进入长期的应用与发展阶段，持续支持开展系统性的科学研究。在空间站应用与发展阶段，研究人员将不断地对空间站的实验设施进行维修维护和更新换代，以最前沿的技术、最先进的设施为太空科学实验与应用提供服务，持续产出具有国际影响的重大科技成果。

第十届中国国际航空航天博览会
——九天揽月（中国，2014）

宇宙奥秘

——那些精彩的太空科学实验

太空中的知识探索：为何在空间站进行科学实验

空间站作为长期运行的综合研究平台，主要有以下优势。

（1）它能够提供长期的微重力、辐射等特殊的研究环境。

什么是微重力？在地球之上300～400km的轨道上，相对于6000多千米的地球半径，重力并没有消失，航天器在做近8km/s的高速运动时，按照牛顿第一定律，应该是保持远离地球的匀速直线运动，但由于地球引力的作用，航天器绕着地球做圆周运动，航天器所受的重力提供了航天器绕地球做圆周运动所需的向心力。这两个力基本相等，使得在航天器上感受到的只有残余的重力，因此称为微重力。

在地球上，生命体和物质受到重力的作用，某些本质规律会被掩盖，在微重力条件下，人们有希望发现被重力掩盖的生命体和物质的本质规律。

在微重力条件下，会产生以下物理效应。

微重力条件下，浮力对流极大地减小

第一个微重力效应是浮力对流极大地减小。在微重力条件下加热物体，比如水或空气时，浮力对流消失后，热交换基本停止，加热的水或空气可能停留在容器底部，只有通过扩散或表面张力引起的对流来发挥加热的作用。

重力条件

微重力条件

微重力条件下，沉淀与分层现象基本消失

第二个微重力效应是沉淀与分层现象基本消失。当把铁块等密度大的物体放入密度小的水中时，在重力条件下，物体将下沉；而在微重力条件下，物体则不会下沉。女航天员王亚平在太空授课中演示过乒乓球在水中可以停留，说明了沉淀消失的现象。同理，在地面重力条件下，将油倒入水中，会出现分层现象；而在太空微重力条件下，油和水将混合在一起，无法实现分层，气体和液体也将混合在一起。因此，在一些太空实验中，气液分离成为一个必须解决的问题。

第三个微重力效应是压力梯度极大地减小。在地面重力条件下，随着水下深度的增加，物体受到的水压越来越大；而在太空微重力条件下，物体受到的水压不会随水的深度变化。例如，当我们潜水时，越往下会感觉胸部受到的压力越大，会渐渐喘不上气；而在太空微重力条件下，不同深度的位置，水压是基本不变的，不同水深的压力差消失了。

重力条件　　　　　　　　微重力条件

微重力条件下，压力梯度极大地减小

　　（2）载人空间站有航天员的参与，便于进行实验操作、实验模块更换和维修维护。

　　历史上著名的哈勃空间望远镜在轨工作了30余年，其间经历过5次维修。正是航天员的参与，才使哈勃空间望远镜能够工作这么长的时间，取得众多国际瞩目的科学研究成果。

哈勃空间望远镜（爱尔兰，1991）

　　（3）载人空间站可以进行天地往返运输，可实现实验模块更换及实验样品返回。

　　在轨开展生命科学实验、材料科学实验后，航天员要将实验后的样品带回地面进一步研究，如将生命科学实验样品带回地面进行基因测序和后续的研究、将材料科学实验样品进行剖分并开展X射线衍射研究等。

　　（4）在空间站特定的轨道高度，航天员便于进行天文、地球观测和空间物理研究。以天文观测为例，由于大气的吸收和干扰，在地面无法有效观

航天飞机上的宇航员正在对哈勃空间望远镜进行维护（图片来源：NASA）

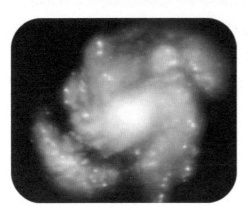

维修前

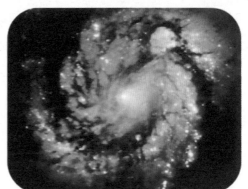

维修后

哈勃空间望远镜第4次维修前后的成像质量对比

测到宇宙中的γ射线、X射线、紫外线、红外线和超长波等，相关谱段的天文观测需要发射探测器到太空中开展。

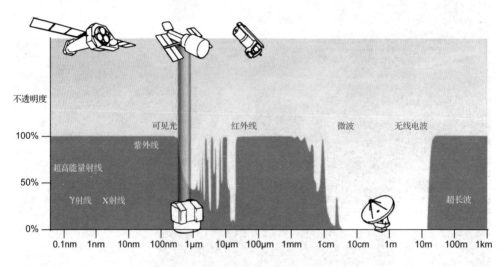

宇宙中不同谱段信号波长受大气的影响

　　对于地球观测，空间站在一定的轨道倾角下绕地球高速运动，而地球同时在自转，这样就可以在空间站快速地对地球进行遍历观测，每3天即可覆盖陆地的90%左右。同时还能够对地球进行宏观层面的研究，如地球碳循环、水循环和生态循环等，并快速对火灾、水灾等灾害进行预警。

太空实验的基石：空间站的科学设施与资源

中国空间站将在轨运行10年以上，这为开展长期、系统的空间科学研究和技术试验提供了平台。空间站密封舱内配备了15个国际先进的科学实验柜和3个舱外暴露实验装置，还有巡天空间望远镜（CSST）正在研制中。此外，密封舱外共有56个独立载荷接口和3个大型挂点，在应用与发展阶段已规划了数十个舱外载荷项目。

空间站科学实验柜

空间站科学实验柜是一种高度集成、支持能力强大的科学实验平台，它是为了在太空开展空间生命、微重力流体等多学科科学研究而研制的空间实验设施，它的尺寸大约高1.7m、宽1.1m、深0.9m，具备结构强度、供电、信息接口、热控及供气等科学实验方面的支持能力，同时还具备科学实验在轨观测与检测等功能。科学实验的流程控制主要通过自动控制或地面遥控操作来进行，航天员在科学实验中的工作非常重要，同时还承担实验装置的安装与更换、实验样品的操作与更换、实验辅助控制等工作。

15个科学实验柜在密封舱内部署为：天和核心舱内安排了无容器材料科学实验柜、人系统研究机柜、医学样本分析与高微重力科学实验柜；问天实验舱内安排了生命生态实验柜、生物技术实验柜、变重力科学实验柜、科学手套箱与低温存储柜；梦天实验舱内安排了流体物理实验柜、两相系统实验柜、高温材料科学实验柜、燃烧科学实验柜、高精度时频实验柜、超冷原子物理实验柜、在线维修装调操作柜、航天基础试验机柜。

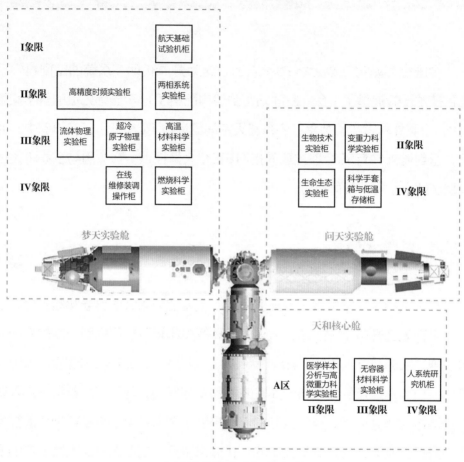

空间站科学实验柜分布图

1. 无容器材料科学实验柜

无容器材料科学实验柜通过静电悬浮和激光加热技术实现高达3000℃的无容器材料实验环境,支持开展微重力下金属、非金属等材料无容器加工研究和材料深过冷研究,并能够对材料高温熔体的密度、黏度、表面张力和比热等热物理性质进行测量,为材料研究提供准确的基础数据。无容器材料实验在悬浮的状态下进行材料加工实验，可以减小容器壁对材料的污染，能制备出性能比地面更优越的金属合金等材料。

无容器材料科学实验的样品是直径3mm左右的球形样品，在轨由释放机构释放后，由位置控制模块捕获样品并控制其悬浮，然后由激光加热模块将样品加热为熔体，同时可进行熔体的热物理性质测量，最后控制样品降温凝固后回收。回收的材料实验样品由航天员带回地面，由科学家进一步分析与研究。科学家可根据需要选择真空或者加压的环境进行实验。

无容器科学实验系统的难点在于悬浮控制，由于材料样品在激光加热和降温凝固的过程中，其表面所带的电荷量在发生变化，甚至极有可能发生翻转，因此需要根据样品的带电特性进行自适应控制，以确保其稳定悬浮在可观测范围内进行实验。无容器材料实验的样品在上天进行在轨实验前，需要在地面利用悬浮实验系统进行地面匹配实验，以进行挥发性、带电特性、可控性等测试试验，确保太空实验的可实现。

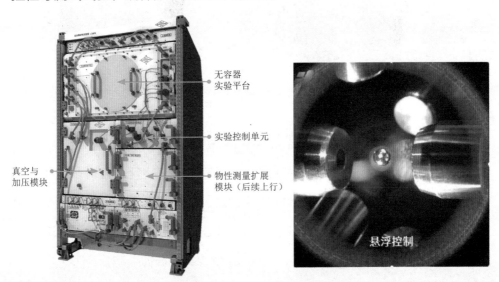

无容器
实验平台

实验控制单元

真空与
加压模块

物性测量扩展
模块（后续上行）

悬浮控制

无容器材料科学实验柜及样品悬浮控制

2. 人系统研究机柜

人系统研究机柜支持开展空间环境对人体生理影响的研究、空间飞行人因研究、空间脑科学研究、传统医学航天应用研究等。它能够支持对人体的肌肉、神经系统等进行生理功能检测，对人体运动生物力学、基本认知能力、生物节律和视功能等进行测量和研究，并能够进行医学细胞样本的培养和显微观察以及营养代谢组学研究。

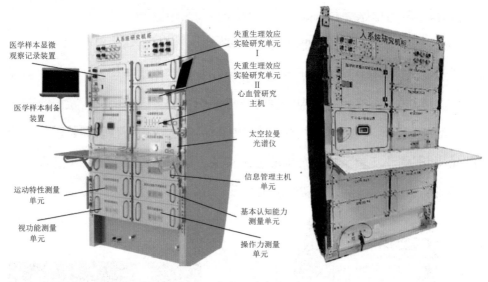

人系统研究机柜

3. 医学样本分析与高微重力科学实验柜

医学样本分析与高微重力科学实验柜主要包括医学样本分析系统和高微重力悬浮实验系统。医学样本分析系统主要包括太空医学样本冷藏箱和太空离心机，具备体液样本和环境样品4℃冷藏功能和离心分离预处理功能，支持开展空间环境对人体生理影响、空间飞行人因研究等。

高微重力悬浮实验系统为多学科研究提供高达10^{-7}g的高微重力条件，

支持开展相对论物理与引力物理研究等需要比空间站微重力水平要求更高的研究。它采用"外层喷气悬浮+内层磁悬浮"的双层悬浮控制技术,隔离空间站基础环境扰动,为多学科研究提供优于空间站平台1～3个量级的振动隔离支持能力。

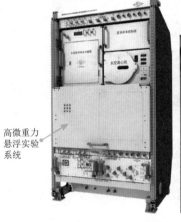

高微重力悬浮实验系统

医学样本分析与高微重力科学实验柜

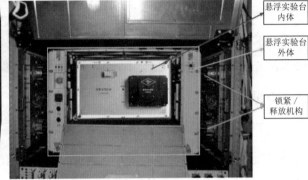

悬浮实验台内体

悬浮实验台外体

锁紧/释放机构

高微重力悬浮实验系统组成

开展科学实验的实验模块将被安装在悬浮实验台内体,通过无接触方式与外部环境隔离,供电和数据传输采用无线传能和红外通信的方式进行。目前在这个平台上开展的实验为冷原子干涉仪实验,进行太空冷原子干涉测量实验并对爱因斯坦弱等效原理进行高精度检验。

4. 生命生态实验柜

生命生态实验柜支持开展生物(包括植物、动物、水生生物等)个体生长、发育与衰老影响的微重力效应、辐射效应或综合作用研究。它配备了通用生物培养模块、小型通用生物培养模块、小型受控生命生态实验模块和小型离心机等实验模块，提供了适宜的温度、湿度、气体、光照、土壤、营养及水分等生命保障条件，可以进行拟南芥、水稻等通用植物培养，以及斑马鱼、果蝇等小型动物的培养及实验研究。其中，小型离心机可以模拟重力环境，实现重力环境与微重力环境下的实验对比研究。该实验柜还具有微生物检测功能和密封舱内环境的辐射测量功能，测量空

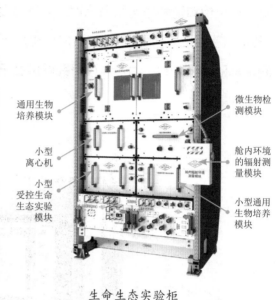

通用生物
培养模块

小型
离心机

小型
受控生命
生态实验
模块

微生物检
测模块

舱内环境
的辐射测
量模块

小型通用
生物培养
模块

生命生态实验柜

间站内辐射场粒子种类和能谱，这些数据可以用于空间站舱内微生物研究和辐射生物学研究。

5. 生物技术实验柜

生物技术实验柜支持开展微重力下细胞和组织培养、蛋白质结晶与药物大分子研究、生物力学研究及合成生物制造等生物技术研究。生物技术实验柜由细胞组织实验模块、细胞组织调节与检测模块、蛋白质结晶分析模块、专用模块/生物力学模块等组成。

细胞组织实验模块是其核心模块，具有换液与固定、温度控制及气体调节等生命保障条件，配备多种显微观测成像手段，支持开展高通量细胞与组织培养实验。细胞组织调节与检测模块为细胞组织实验模块提供光源、检测组件以及二氧化碳气源支持。蛋白质结晶分析模块主要支持以蛋白质和核酸等生物大

分子为研究对象的实验，具备实时显微观测、温度测量与调节、核酸成分和浓度检测等功能，可以开展空间环境下蛋白质结晶研究，与地面相比能够更好地解析药物的分子结构，开展药物研究与制备，并对其在空间条件下的药理药效进行研究。专用模块/生物力学模块为生物力学实验等特定实验提供通用的接口支持，具备流体

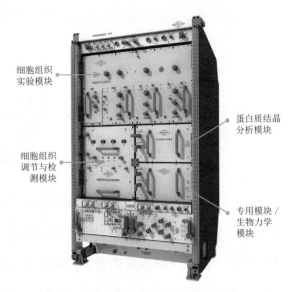

细胞组织实验模块

蛋白质结晶分析模块

细胞组织调节与检测模块

专用模块/生物力学模块

生物技术实验柜

管理、力学加载、细胞换液和固定、气体成分及压力测量等功能，支持以细胞、组织和生物系统为研究对象的生物力学实验。

6. 变重力科学实验柜

变重力科学实验柜通过离心技术提供0.01～2g的可变重力条件，能够覆盖月球、火星等重力环境条件，支持开展不同重力条件下的多相流与相变传热、颗粒物振动等复杂流体实验研究等。它由两个左右对称布局的离心机组成，每个

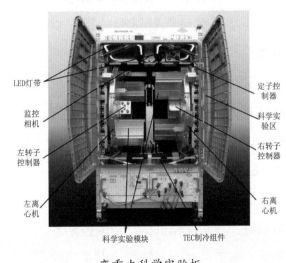

LED灯带

监控相机

左转子控制器

左离心机

定子控制器

科学实验区

右转子控制器

右离心机

科学实验模块

TEC制冷组件

变重力科学实验柜

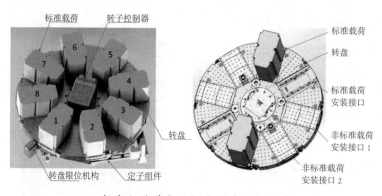

变重力科学实验柜中的离心机组成

离心机由转盘、定子组件和转子控制器组成，转盘具有8个标准的实验载荷安装位置，这几个标准载荷安装位置可以组合使用，安装非标准实验载荷；定子组件和转子控制器为实验载荷提供机械、电源和信息接口支持。离心机上的实验载荷能够由航天员进行安装和更换，航天员也可以通过视频图像和参数对实验柜内的实验情况进行监视和控制。

7.科学手套箱与低温存储柜

科学手套箱与低温存储柜提供洁净、可控（包括温度、湿度、照明、通风等）的隔离密闭空间，能够实现对科学实验样品的自主精密操作，并可为生命科学等实验样品提供-80℃、-20℃、+4℃的低温在轨存储条件。它内部集成有精密机械臂系统、显微操作机构、环境控制系统等，航天员通过左箱门、右箱门的

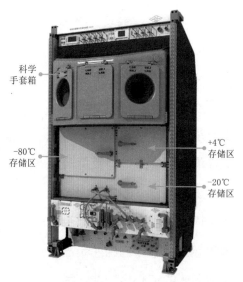

科学手套箱与低温存储柜

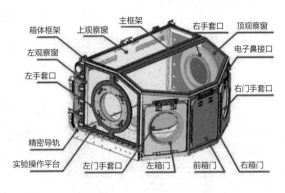

手套以及左侧面、右侧面的手套口在密闭、清洁的环境下进行样品操作，灵巧机械臂和微操作机构可协助航天员开展细胞注入、细胞核提取等精细操作，操作精度达2μm。科学手套箱也可为独立实验装置提供机、电接口，支持独立实验装置在手套箱内开展实验。

图中标注：箱体框架、上观察窗、主框架、右手套口、顶观察窗、左观察窗、电子鼻接口、左手套口、右门手套口、精密导轨、实验操作平台、左门手套口、左箱门、前箱门、右箱门

手套箱外部组成

低温存储装置提供3个独立的箱体来满足−80℃、−20℃、+4℃这3个温区内样品对不同存储温度的需求，支持放置在3个低温存储区内的样品进行独立存取，其中+4℃存储区与−20℃存储区具备温区互换能力，且+4℃存储区具有抑制细菌生长的能力。

8. 流体物理实验柜

流体物理实验柜支持开展微重力环境下流体的宏观运动、微观运动、扩散过程的基本规律研究，胶体、颗粒等复杂流体研究，以及空间材料科学和生命科学等领域采用透明介质的实验研究。

流体物理实验柜包括流体动力学实验模块和复杂流体实验模块，它集成了数字全息干涉、粒子图像测速、红外热成像、位移传感器、激光多普勒测速等近10种流体动力学测量诊断技术，还配置了动态光散射、静态光散射、显微观测、光谱仪、流变仪5种复杂流体诊断技术，可实现流体的流场速度、温度、浓度和表面形变等多物理量的同步检测，还能够对复杂流体内部

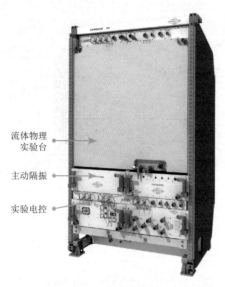

流体物理实验柜

微观结构的动态演变进行观测。

流体物理实验柜的10余种诊断和检测设备为常规配备，实验主要通过更换流体动力学模块和复杂流体模块内部的实验单元开展，在这个实验柜中可同时开展流体动力学和复杂流体实验，每个流体实验往往需要开展几个月的时间，然后将实验数据存储并传输给地面科学家进行分析研究，实验单元无须带回地球。

9. 两相系统实验柜

两相系统实验柜支持开展空间蒸发与冷凝相变、沸腾与传热、两相流动与回路系统、空间流体控制等关键科学问题与技术研究。两相系统实验柜主要包括光学观测平台、气体管理模块、大/小流量供液模块、实验项目模块等，实验项目模块安装在光学观测平台中，可更换进行不同的实验。气液供给模块给实验项目提供气体和液体工质，根据实

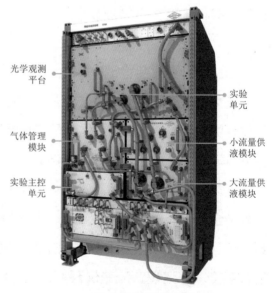

两相系统实验柜

验需求设置压力、流量、温度等实验条件，开展实验。该实验柜配备有激光干涉形貌测量仪、密度测量仪、红外热像仪、高清CCD相机、高速相机等观测和诊断仪器，可以实时观测与测量表面温度场、流体界面形貌、流体密度场、两相流体流动等，然后传输给地面科学家进行分析与研究。实验结束后可通过更换实验项目模块中的实验单元进行下一个实验，实验项目模块无须返回地球。

10.高温材料科学实验柜

高温材料科学实验柜支持开展金属合金、半导体、功能晶体、纳米和介孔材料、无机复合材料等多种类别材料的熔体生长和凝固科学实验，可提供最高达1200℃和1600℃的两种高温实验环境，能够支持等温、梯度、区熔等多种实验温场模式，并附加旋转磁场与快速冷却的实验条件，以及X射线透射成像的实时检测手段。

它主要由高温炉模块、批量样品管理模块、X射线透射成像模块等组成。高温炉模块为材料制备提供加热温场环境，包括两种类型，Ⅰ型高温炉可提供1200℃加热温度，Ⅱ型高温炉可提供1600℃加热温度。目

批量样品
管理模块

控制模块

高温炉模块

X射线透射
成像模块

高温材料科学实验柜

前空间站配置的是Ⅰ型高温炉，在工作适当时间后可更换为Ⅱ型高温炉，做更高温度的样品制备实验。高温材料科学实验柜中的实验样品最大尺寸为直径25mm、长160mm，样品单元通常选用耐高温的外管，内置温度传感器，可分段控制样品的加热温度。因此一个样品单元内可以放置几个不同的样品进行实验。在实验完成后，航天员将实验样品带回地面，科学家对其进行深入分析与研究。高温实验样品上行至太空前通常需要在地面进行匹配实验，以确保在轨实验的成功。

11.燃烧科学实验柜

燃烧科学实验柜支持开展微重力环境下气体、液体、固体等的近可燃极限、层流及湍流等燃烧科学研究，以及航空航天推进燃烧与防火问题，揭示燃烧过程的本质特征，发展高效低污染燃烧和先进动力推进等技术。

燃烧科学实验柜主要由燃烧室、稀释剂与氧化剂子系统、燃烧诊断子系统、排气净化子系统以及实验控制与环境热控子系统等组成。它配置了3种插件，即气体、固体和液体实验插件，不同燃料的实验通过更换实验插件进行。燃烧实验在燃烧室内进行，实验时将实验插件插入燃烧室，由燃烧室提供密闭隔离环境，以避

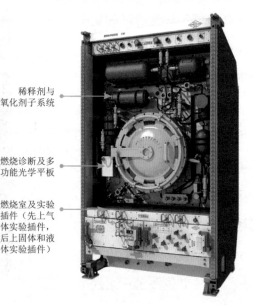

稀释剂与
氧化剂子系统

燃烧诊断及多
功能光学平板

燃烧室及实验
插件（先上气
体实验插件，
后上固体和液
体实验插件）

燃烧科学实验柜

免对空间站和航天员造成影响。稀释剂与氧化剂子系统向燃烧室供气并建立燃烧实验条件，在点火装置等支持下进行燃烧实验，同时由燃烧诊断子系统进行测量。实验结束后，燃烧废气由排气净化子系统处理后排出，并进行换气和燃烧室清洗，准备下一次实验。

它具备比较完备的可视化观测与诊断功能，有8台光学观测设备，可以对火焰形貌、火焰结构、火焰温度、流场速度、材料表面火焰的传播速度、碳烟浓度、排气气相组分等参数进行测量，实验数据下传至地面由科学家进行分析。目前在空间站开展实验配置的是气体实验插件，后续将会上行液体、固体实验插件，开展不同燃料的燃烧实验。

12.高精度时频实验柜

高精度时频实验柜构建由锶原子光钟、冷原子微波钟和主动氢原子钟组合而成的空间超高精度时间频率产生和运行系统，并建立天地微波和激光时频传递链路，实现天地超高精度时间频率信号的比对。在高精度原子钟组和时频传递链路的支持下，可开展基于引力红移测量的相对论验证等基础物理研究和全球重力场测量等应用研究。

这3个原子钟通过优势互补构成原子钟组，其中冷原子微波钟具有较好的准确度、稳定

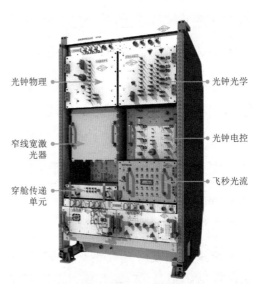

光钟物理　光钟光学　窄线宽激光器　光钟电控　穿舱传递单元　飞秒光流

高精度时频实验柜

度和长期运行能力，不仅可以校准主动氢原子钟，还可为空-地时间频率传递提供准确、稳定的时间频率信号；主动氢原子钟的中期、短期频率稳定度较好，具有良好的长期可靠运行能力，但存在着长期频率漂移问题，经冷原子微波钟标校后，可作为空间原子钟组的工作钟；而锶原子光钟可以提供稳定度及准确度更高的时间频率信号，不仅可以对冷原子微波钟进行标校，还可以为天地比对链路提供高精度的光学频率信号，实现更高精度的时间频率传递。

这个系统在空间站占用1.5个科学实验柜空间，它的研制难度很大，尤其是锶原子光钟，由地面达几十平方米的光钟集成到太空中近2m²的实验柜中，需要进行复杂而艰难的小型化、集成化设计研制和在轨调试工作。

13. 超冷原子物理实验柜

超冷原子物理实验柜是利用空间微重力条件建立接近绝对零度（0K，即-273.15℃）的超低温实验系统，实现物质第五态（玻色-爱因斯坦凝聚态，其他四态是固态、液态、气态和等离子态）的量子简并工作物质，开展新奇量子态和相变研究、量子模拟、量子计算和量子精密测量等前沿研究。

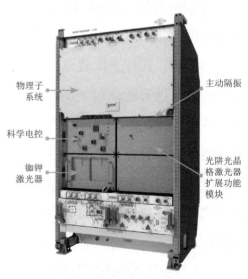

超冷原子物理实验柜

它采用蒸发冷却和绝热扩散的两级交叉光阱冷却技术，俘获和深度冷却原子，由于在空间微重力环境下冷却效率更高，因此能够实现接近100pK（10^{-10}K）的超低温、大尺度、长观察时间、适合精密测量的玻色与费米简并工作物质，并利用它开展超冷原子物理实验。另外，它采用主动隔振技术为物理子系统提供比空间站环境高1~2个数量级的微重力环境条件。

14.航天基础试验机柜

航天基础试验机柜支持开展航天器共性新技术、在轨制造与建造技术、信息能源与推进技术、环控生保系统技术、机器人与自主系统技术等关键技术的舱内试验验证。它采用模块化定制，支持便携分布式和可移动试验，为试验项目提供结构机构、信息管理、配电控制、热控、抽真空等支持，并支持试验项目在轨更换和升级。

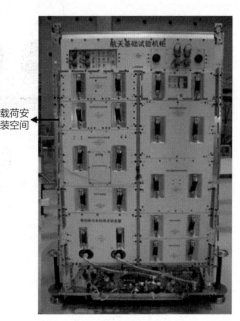

载荷安装空间

航天基础试验机柜

15.在线维修装调操作柜

在线维修装调操作柜支持开展各种舱内外载荷和模块的安装固定、拆解组装、维修装调等操作，以及废气、废液及废气颗粒物等处理。它具有可展开的移动维修平台，配备了用于舱内维修操作的灵巧机械手以及辅助载荷专家操作的智能诱导维修系统，能够支持多种类载荷的装调、维修、备品备件更换以及故障诊断等，支持科学实验工质和样品的装置和处置，具备在操作箱内排废气、充氮气、吹扫清洁、气体置换及废液处理等功能。另外，可支持独立的科学实验装置在操作柜内开展实验或试验。

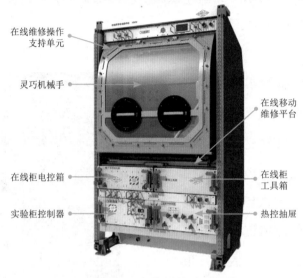

在线维修操作
支持单元

灵巧机械手

在线移动
维修平台

在线柜电控箱

在线柜
工具箱

实验柜控制器

热控抽屉

在线维修装调操作柜组成

舱外暴露实验装置

密封舱外的3个暴露实验装置为空间辐射生物学暴露实验装置、材料舱外暴露实验装置、元器件与组件舱外通用试验装置，主要为舱外开展生物学、材料等暴露实验提供条件。

1. 空间辐射生物学暴露实验装置

空间辐射生物学暴露实验装置支持在空间站舱外环境下开展小型动物（如线虫）、植物种子、微生物、生物大分子等生物样品的辐射生物学和极端环境生物学暴露实验。它由生物培养子系统、样品观测子系统和空间辐射环境监测子系统等组成，提供生物样品在舱外在轨生长所需的温度控制、气密环境等基础生保条件，具备可见光成像、荧光显微成像、视频观测等在轨观测功能，以及空间辐射环境参数测量能力。空间辐射环境监测子系统提供舱外LET（Linear Energy Transfer，空间辐射线性能量转移）谱、重离子和慢中子、太阳紫外测量等原位辐射环境监测数据。可装置的实验样品单元包括小型动物样品单元、植物样品单元、微生物和有机分子样品单元，以及微流控芯片实验单元，实验样品单元入轨后需要由航天员出舱活动时装载到装置上，实验结束后由航天员取回样品，在返回地球时带回地面，交给科学家进行研究。

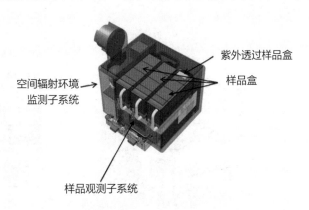

空间辐射环境监测子系统

紫外透过样品盒

样品盒

样品观测子系统

空间辐射生物学暴露实验装置

2. 材料舱外暴露实验装置

材料舱外暴露实验装置支持开展原子氧剥蚀、表面污染、高能粒子辐射、冷热交变和高真空等空间环境下材料的空间使役行为和使役性能研究，揭示空间条件下材料组织结构损伤、性能衰退以及功能失效与破坏的机制，为提高材料及相关产品在空间服役过程中的稳定性、可靠性和耐久性等提供依据。它配置了原位环境监测模块和在轨光学检测成像模块，既支持空间用金属、无机非金属、高分子材料等多种功能材料的在轨暴露实验，也支持空间润滑材料摩擦学实验，为空间新材料的开发和应用提供理论和应用依据。

它采用折叠展开方式工作，在轨展开后，实验样品会被暴露在太空环境中进行实验。在轨光学检测子系统包含运动机构和光学检测成像模块，运动机构实现光学检测成像模块在观测视场内的运动定位和对焦，光学检测成像模块能对样品进行在线显微观测，观测数据可下传至地面。这个装置有多种规格的标准样品单元，通过不同样品单元的组合可装载不同规格的实验样品，除在线观测实验样品的使役性能以外，在实验样品经过半年或一年的暴露实验后，由航天员将样品取回空间站舱内，带回地面进一步检测分析。

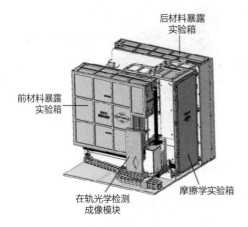
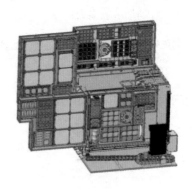

闭合状态　　　　　　　　　　　　展开暴露状态

材料舱外暴露实验装置

3. 元器件与组件舱外通用试验装置

元器件与组件舱外通用试验装置支持开展对空间环境敏感的元器件与组件（包括集成电路、半导体分立器件、光电器件等）在轨试验，获取真实空间环境下的元器件与组件特征参数变化，研究其空间环境可靠性物理机理及失效机理。即将在太空条件下使用的元器件和组件往往需要经过充分的舱外条件试验验证，才可以投入使用。

它遵循"即插即用"的设计理念，可实现元器件与组件试验项目的快速安装与拆卸，配置了暴露和非暴露试验区域，非暴露试验单元和暴露试验单元分别安装在特定区域。它还配置了原位空间环境监测单元，能够原位探测LET谱和记录在轨单粒子事件数。项目试验单元入轨后由航天员将其装载在元器件与组件舱外试验装置中，试验结束后将试验单元取回舱内，航天员返回时将试验样品带回地面进行检测分析。

元器件与组件舱外通用试验装置

巡天空间望远镜

巡天空间望远镜

　　研制中的巡天空间望远镜为2m口径，成像质量与哈勃空间望远镜相当，视场要比哈勃空间望远镜大近300倍，可实现0.15角秒分辨率的17500平方度多色深度成像观测与同面积的无缝光谱观测（42%天区面积），以及400平方度的多色极深度成像观测。与国际同期项目相比，巡天空间望远镜角分辨率最高、视场最大、波段覆盖最宽。巡天空间望远镜将与空间站共轨飞行，开展长期的天文观测，在必要时与空间站对接进行维修维护，以及补充推进剂。

　　巡天空间望远镜主要有5个后端模块，包括巡天相机模块、多通道成像仪、积分视场光谱仪、太赫兹谱仪和系外行星成像星冕仪。在发射入轨后，巡天空间望远镜将在轨开展10年以上的观测，其主要的科学目标是探索解决以下重大问题：

　　　　（1）暗能量、暗物质和宇宙结构的形成与演化；

　　　　（2）星系的起源与演化；

　　　　（3）活动星系核和超大质量黑洞的形成与演化；

　　　　（4）太阳系外行星和太阳系天体的观测研究、天体测量。

太空实验室：在太空中进行的科学探索

　　空间站是一个综合的太空实验基地，将支持开展空间生命科学与人体研究、微重力物理科学、空间天文与地球科学、空间新技术及应用四大领域的60余个研究计划，包括近千项研究项目。

　　空间生命科学与人体研究要深入研究空间环境各因素对生命体细胞、组织、器官等各层次的影响与作用机理，如植物、动物、微生物等在空间条件下的生长、发育、遗传、衰老等响应机理研究，探索、认知生命体在太空的生长发育与繁衍规律；并利用空间特殊环境发展创新的药物和医疗技术，如合成生物制造、基于蛋白质结晶的空间药物研发等。

　　微重力物理科学主要研究揭示重力掩盖下物质运动的本质规律，包括微重力流体物理、燃烧科学、空间材料科学和微重力基础物理等方向的研究。例如，开展表面张力驱动的流体动力学研究、微重力条件下的层流和湍流燃烧特性研究；利用微重力及无容器条件开展高熵合金、多孔陶瓷、激光晶体和纳米材料等新材料制备，实现100pK超低温玻色−爱因斯坦凝聚（BEC）并开展低温量子相变等超冷原子物理基础前沿实验；建立空间高精度时间频率系统，进行广义相对论高精度检验、全球重力位测量等研究。

　　空间天文与地球科学领域利用巡天空间望远镜、高能宇宙辐射探测设施（HERD）等天文观测设施，开展暗物质与暗能量、宇宙结构的形成与演化、星系的起源与演化、超大质量黑洞的形成与演化、宇宙线起源以及太阳系外行星探测等研究；并着眼全球气候变化、碳达峰与碳中和等关系人类社会可持续发展的重大问题，开展对地观测新技术和新体制的研究与验证。

空间新技术与应用领域要开展空间机器人与自主系统、太空智能制造与建造、微小卫星编队及应用、地月空间光通信、自主导航技术、核心元器件与部组件等空间新技术试验，提升我国探索、开发与利用太空的能力。

空间生命科学与人体研究

在微重力、辐射这些特殊的条件下，地球生命体各层次都会感知与适应这些条件的变化，包括分子、细胞、组织、器官及生物个体（包括人体）。空间生命科学与人体研究主要从各个层次进行生命系统的研究。研究在空间环境下它们是怎么响应的、它们怎么适应这种微重力和辐射以及它们会有什么变化，通过研究发现空间环境下生命体的本质规律，并为人类在太空的长期生存奠定基础。同时，开发蛋白质结晶、太空合成生物制造、器官芯片与类器官等生物技术的开发，为人类太空长期生存和地面生命健康服务。

1.细胞研究

在太空中，由于浮力对流消失、沉淀和分层消失、液体压力梯度减小，细胞的形状、细胞的基因表达、细胞跨膜信号的转导等均会发生改变，所以科学家在太空研究细胞，通过详细和全面地研究响应空间环境的细胞内功能、生物化学和分子生物学过程，以及研究重力这

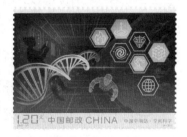

中国空间站—空间科学
（中国，2022）

种物理力如何塑造地球的生命，来更好地理解生命在地球重力环境中的适应机制，为未来的太空探索和生物医学研究提供重要的科学依据。

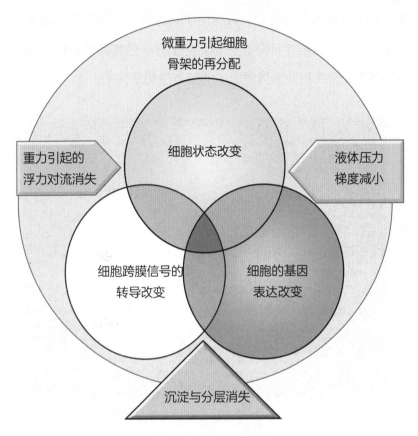

微重力引起细胞
骨架的再分配

重力引起的
浮力对流消失

液体压力
梯度减小

细胞状态改变

细胞跨膜信号的
转导改变

细胞的基因
表达改变

沉淀与分层消失

细胞在太空中的变化

　　中国空间站已开展了骨细胞、骨骼肌细胞、生殖干细胞等实验研究。其中，"微重力影响成骨细胞形成变化及作用机制"这个项目开展了微重力下人体骨髓间充质干细胞成骨分化实验研究，获得了成骨前体细胞样品，通过基因表达与DNA甲基化修饰的测序，发现了成骨转变为成脂的病理现象，诠释了DNA甲基化修饰通过调控细胞外基质和代谢途径参与干细胞分化命运的分子机制，为人体骨流失的干预提供了重要靶点（明确了空间环境导致成骨分化异常的10余个潜在靶点，其中2个已被鉴定为关键靶点），为促进骨折、脊柱损伤修复等骨质疾病治疗提供了新思路，拓宽了干细胞治疗的临床应用路径。目前正在通过针对这些靶点的小分子药物和中药组分筛选，开发有效干预空间骨流失和地面骨质疏松的新方法和新技术。

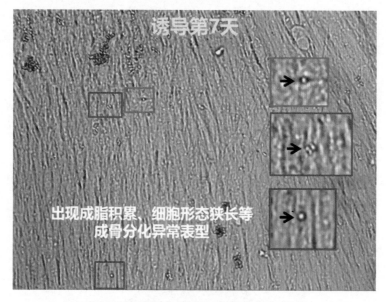

空间站骨髓间充质干细胞成骨分化实验

科学家通过空间微重力环境对骨骼肌影响的研究，在空间站中成功实现了骨骼肌细胞的在轨培养和分化，同时开展了微重力导致肌萎缩的生物学机制研究，观察到了细胞融合和肌管形成等现象，发现了微重力影响自噬导致肌萎缩的作用机制及潜在的分子靶标MIG1，有望拓展老药在抗肌萎缩方面的新用途。此外，他们还发现了真实微重力通过微小RNA影响肌细胞代谢的可能机制及相关的生物标志物，获得了微重力条件下肌细胞微小RNA的表达和分泌规律，初步揭示了微重力通过微小RNA影响肌细胞代谢的作用机制，可为对抗肌萎缩及防治代谢性疾病提供新靶点和新思路。

2. 植物研究

在太空条件下，植物会出现很严重的胁迫反应，它各个层面都会呈现不同的现象。例如，在细胞水平层面，淀粉的含量会下降，线粒体会增大，叶绿素含量也会降低，所以在太空中研究植物对重力、辐射的感知和反应，要从各个层面进行，包括分子水平、细胞水平、整体水平和亲子代遗传水平。

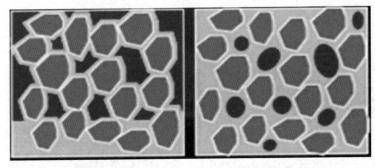

在地球上　　　　　　　　空间站微重力条件下
地面与太空土壤结构的对比

另外，科学家还要研究在太空环境中植物和微生物的相互作用，对植物进行生长调控以及开展辐射诱变育种等。

中国空间站以拟南芥和水稻等模式植物为对象开展了微重力对高等植物发育调控等的研究，首次实现了空间微重力条件下水稻从种子到种子全生命周期的发育研究（种下6粒，收获59粒）。分析结果表明：空间发育的种子变小，单株结实率下降和胚乳淀粉粒形态粉质化明显等，进一步的营养成分分析表明空间种子的葡萄糖和果糖的含量明显增加。科学家将空间返回地面的种子繁殖后，对其生长发育以及与产量相关的性状进行了天地比对分析，结果表明：与地面对照相比，空间原生稻平均株高、籽粒数和穗重分别变为原来的117%、110%和120%。另外，太空水稻种子垩白率比地面对照组的更高，这表明微重力环境对水稻的种子发育以及种子营养成分有影响。

这个研究发现了微重力调控影响生物钟和光周期途径的某些关键基因，解析了微重力对植物开花和种子发育影响的分子机理，发展了从分子水平改造植物的株型、开花和种子发育的技术途径，有望在农作物品种选育方面获得应用。

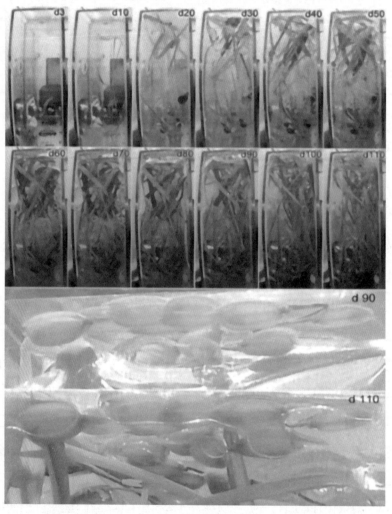

水稻"从种子到种子"全生命周期不同发育阶段的图像

3. 动物研究

动物生物学研究的目标是理解动物适应航天环境的基本机制，为解决人类长期太空生存问题和为地球上人类健康问题提供新知识和新手段。自20世纪30年代以来，人类开始不断尝试将动物送入太空进行研究，研究动物在太空中的适应机理并发展对抗措施。美国、俄罗斯、欧洲航天局等先后利用火箭等将果蝇、蜜蜂、猴子、小狗、乌龟、青蛙、鱼、小鼠等几十种动物送入太空，开展了大量而深入的研究。

中国空间站开展了空间环境暴露条件下的线虫发育和凋亡的实验研究，证实道尔期线虫（处于休眠期）在舱外较长时间（154天）暴露后能继续存活、发育和繁衍；初步发现舱外暴露线虫的生长发育延缓、生殖细胞凋亡发生率增加、产卵数量下降近60%等；初步揭示了空间环境对小型动物生殖和生长的影响规律，为深空辐射损伤评估和防护提供了实验依据。

2024年4月25日，神舟十八号载人飞船发射入轨时，小型水生生态系统实验装置进入太空，它是由4条斑马鱼和金鱼藻共同构成的密闭水生生态系统，斑马鱼需要的氧气全部由金鱼藻的光合作用产生，而鱼产生的二氧化碳则提供给金鱼藻做光合作用，鱼的排泄物作为营养也提供给金鱼藻。这个小型生态系统可以实现自动喂食、温度控制、光照控制等，还可以收集鱼卵，由航天员带回地面供科学家进一步研究。同时，斑马鱼还是一种非常小的脊椎动物，后续项目还将继续上行斑马鱼并在实验后将鱼带回地面，研究脊椎动物在太空的骨丢失机制等。

太空辐射条件下的线虫研究

太空小型水生生态系统：左边是金鱼藻，右边是斑马鱼

　　此外，空间站正在研制空间哺乳动物实验装置，将利用小鼠等开展深入的动物科学研究。小鼠是最小的哺乳动物之一，其组织器官结构、细胞功能与人类相似，基因同源性高，因此小鼠是太空动物研究最为重要的研究对象。在动物实验平台进入太空后，科学家将基于它开展骨丢失、肌肉萎缩、免疫力、神经与认知等全方位的研究，深度解析太空微重力和辐射等环境对动物的影响和动物的适应机理。

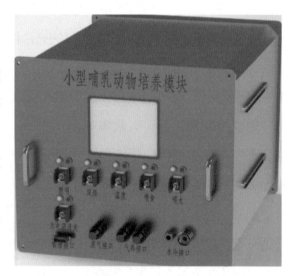

正在研制的小型哺乳动物实验装置

4. 微生物研究

我们知道很多微生物在极端恶劣的条件下，如在地球南极、北极等地方都可以生存，而且微生物对保持生态环境的平衡也非常重要，因此要在空间站开展微生物研究。科学家将利用空间站作为微生物观察站，进行长期、多代微生物研究，以了解和研究居住在这种独特环境中的微生物的种群和群落动态，同时还要研究微生物响应空间条件的机制和途径，以及和其他生物体（如植物和动物）之间的相互作用。

中国空间站开展了极端环境微生物对空间暴露环境的耐受性和突变研究，在轨完成了耐辐射微生物、地衣和石生微生物等样品3个月的舱外暴露实验，从返回样品中获得了高产抗菌活性物质突变株和抗氧化蓝色素indochrome C突变株，为具有潜在应用价值的活性代谢产物的研发提供了新的菌株资源。研究成果有望应用于新型抗菌药物、食用色素和抗氧化剂的研发及应用。

5. 空间生物技术开发

空间生物技术也是空间生命科学研究的一个重要方向，用于发展应用于太空和地面的生物医药新技术和新手段。2023年，中国科学院天津工业生物技术研究所在由二氧化碳和微生物合成淀粉方面取得了突破性进展。科学家在空间站规划了合成生物学研究项目，计划在太空中通过合成生物学研究，利用二氧化碳、废弃物及微生物制造出太空糖水，希望实现24h内合成200mL含糖量1%的糖水，这将是首次在非地球环境下将二氧化碳转化为果糖的人工生物制造过程。未来还可能实现由二氧化碳和废弃物来合成蛋白质等，这些研究对实现人类在太空的长期生存非常有意义。

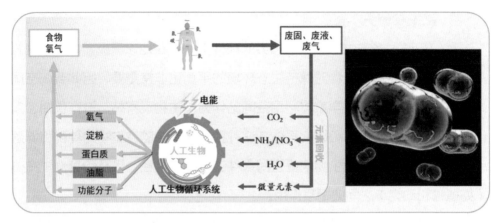

由二氧化碳和废弃物制造太空糖水

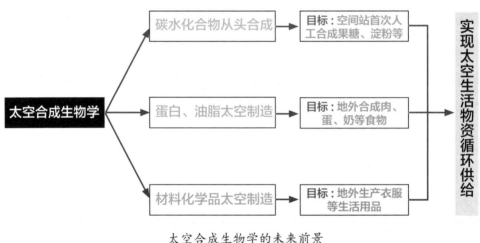

太空合成生物学的未来前景

　　科学家在太空中还要开展蛋白质结晶制药研究、组织器官芯片研究等。空间微重力环境可以有效提高蛋白质晶体的生长质量，在微重力条件下生长的晶体可以帮助科学家获得关于癌症治疗、脑卒中预防和其他疾病的药物研究中的重要蛋白质分子的原子、三维结构的详细知识，获得的知识有助于新药的设计和试验。此外，组织器官芯片研究有助于帮助科学家深入地理解疾病的机理，他们计划将模拟肺、肾脏、大脑和肠等器官芯片送至太空进行研究。同时，将以类器官为模型开发应用太空组织器官损伤的新方法，以及开发仿生骨等新型生物医用材料等，在生物医药方面作出特殊的贡献。

太空器官芯片发展路线图

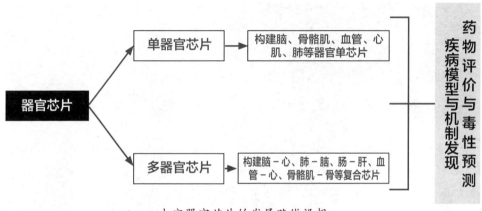

太空器官芯片的发展路线设想

6.太空人体研究

长期的太空飞行会对人体产生方方面面的影响，包括骨质流失、骨骼肌纤维萎缩、神经前庭功能变化、心脏萎缩、运动能力下降和免疫力下降等。例如，在太空中，航天员会遇到比较严重的骨丢失问题，约每个月流失1.5%～2%，科学家必须理解骨流失的机制并研究对应的对抗措施。他们在太空开展人体研究，就是要探索与深入理解人体对太空微重力、辐射等特殊环境的适应机理，以解决人类在太空长期生存面临的主要健康保障问题，发展相关的医疗与防护技术。

在空间站，科学家成功把肾上皮细胞转化成心肌细胞，并通过基因编辑技术观察到心肌细胞钙信号的闪烁过程，这也是国际上第一次在失重环境下看到心肌细胞的收缩过程，航天员在"天宫课堂"上展示了在太空中观察到的心肌细胞活动。太空人体研究成果将有助于深入理解人体对太空环境的适应机理，从而采取必要的措施以增强适应能力，为实现人类在月球和火星等地外星球的长期生存奠定基础。

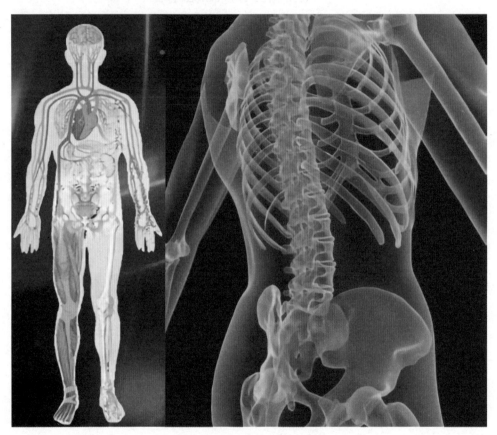

太空人体研究（图片来源：NASA）

微重力物理科学

在太空微重力条件下，物体运动的规律发生了很多变化，出现了在地面无法观测到的一些奇特现象，涉及流体、燃烧、材料、基础物理等各个方面。

1.表面张力驱动的对流

如前所述，微重力下浮力对流消失了，但科学家发现还存在表面张力驱动的对流，这种称为马兰戈尼对流。当对盛有液体的容器两端之一进行加热时，会形成两端温度的差异，在这种情况下，两端液体会出现表面张力的变化，从而引起液体的对流。而且随着温差的变大，对流呈现出不同的形式，由稳定状态到周期变化的振荡状态，然后到随机变化的湍流状态。通过观测视频中液体流动的轨迹可以发现特殊的对流现象。

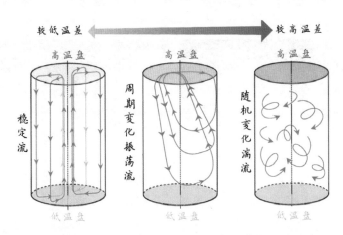

表面张力驱动的马兰戈尼对流随温差变化的改变

在空间站梦天实验舱的流体物理实验柜中，科学家开展了空间流体存储、运输及界面行为研究等流体实验。在轨开展了球形贮箱和胶囊形贮箱流体贮存与多驱动模式的双向输运实验，获得了贮箱流体结构中表面张力驱动流动的完整特征，观测到贮箱内多种气液构型和大尺度异形气泡合并过程，探究了微重力环境中加注、排空过程中贮箱质心变化等力学特性和新型板式结构的输运效率。基于此，科学家提出了微重力下环形气泡形貌准确预测方法，揭示了气泡形貌形变规律及表面张力驱动流动规律，验证了微重力环境中多驱动模式的贮箱流体管理性能，该成果可为板式贮箱结构及动力驱动的设计提供参考。

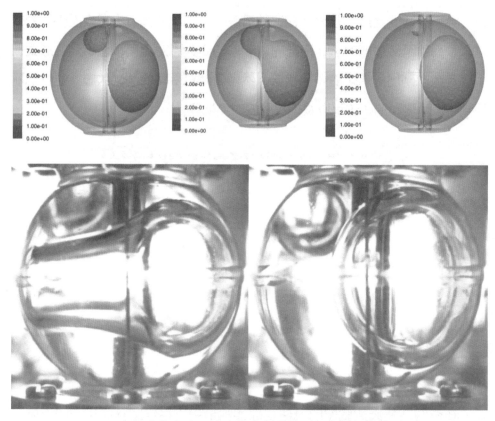

空间流体存储、输运过程数值模拟与实验结果

2.太空中的沸腾现象

在太空中浮力对流基本消失了，对于水加热的情况，高温的水不能升起，而是靠近热源，越来越热。同时，远离热源的水相对较冷。当加热的流体达到其沸点时，气泡不会上升到表面。相反，形成的气泡聚合成位于加热器表面的一个大气泡。在泡沫中蕴藏着珍贵的热能，但这些热能被困在气泡中。通过在空间站上实现变重力的沸腾实验，科学家可以研究影响沸腾的各种因素，从而有可能推动改进冷却系统设计，提高制冷技术的效率，这将对空间热控制和地面制冷技术的进步产生积极影响。

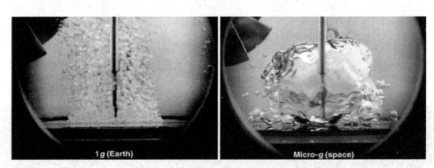

在正常重力（左图）和微重力（右图）条件下的沸腾现象

在空间站变重力科学实验柜中，国际首次将重力作为调控参数，开展了不同重力条件下沸腾传热和气泡运动行为的实验研究，获得了相关结果。实验发现随着重力的减少，流体的沸腾传热性能不下降反而升高，以及生长气泡行为与重力和加热面特性参数间存在较强的依赖关系，进一步确认了太空中低热流密度沸腾的反常重力标度行为。这个成果有助于揭示沸腾现象中的重力作用机制，建立描述不同重力环境中沸腾传热性能的重力标度律模型，服务我国大型载人航天器和深空探测任务的多重力环境下的热管理和流体（特别是低温推进剂）管理等。

3.太空中燃烧的球形火焰

在地球上，当火焰燃烧时，它会加热周围的空气，在重力的作用下，更冷、更密集的空气被吸引到火焰底部，从而排出升起的热空气。这种对流过程将新鲜氧气输送到火中，向上流动的空气使得火焰形成液滴形状并使其闪烁。

但在太空中，由于没有重力，热空气膨胀但不会向上移动。由于氧气的扩散，火焰持续存在，氧气分子随机飘入火中来维持火焰，其火焰会向四周伸展，形成球形火焰。但是由于氧气分子飘入火焰的量相对地球环境中要少许多，而且受到周围废气的阻碍，燃烧不够充分，所以燃烧会比在地球上更缓慢。科学家在微重力环境中研究燃烧过程，进一步揭示了重力掩盖下燃烧和传热的规律，进而帮助提高燃烧效率和清洁能源研发。

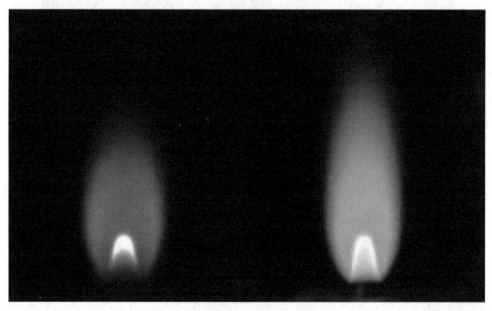

空间站燃烧科学实验柜甲烷燃烧图像（左）与地面同种工况甲烷燃烧图像（右）

4. 在太空中制备材料

在空间站微重力条件下，重力引起的浮力对流、沉淀、压力梯度等极大地减小，因此在太空微重力的独特条件下，一方面可以发现重力掩盖下的特殊规律，获取新发现；另一方面在材料加工时可将多种材料很好地混合在一起，制备出分布均匀、缺陷少、高质量的材料。此外，在太空环境中，由于可以实现材料样品的悬浮加工，科学家能够在加热条件下对材料的密度、黏度、表面张力等热物理性质进行测量，这些测量在地面是很难实现的。

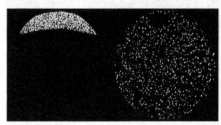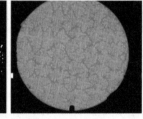

在太空中制备材料的优势
（左图：地面与太空材料混合对比，由于无重力沉降，太空的材料分布均匀；
中图：太空中无浮力对流，晶体缺陷少；
右图：在太空中可以实现无容器加工，材料纯度更高）

核心舱的无容器材料科学实验柜可以支持高达3000℃的材料研究和制备，已开展了偏晶合金、复相合金、非晶合金等多种材料的实验项目，并采集到大批材料热物性测量数据，在材料深过冷、晶体形核、共晶凝固等规律和机制方面取得了一些重要进展，制备了较地面性能更优的半导体材料，正在或预计应用于地面材料制备工艺的改进和材料性能的提升。

科学家首次在空间微重力条件下实现了相分离合金凝固过程及组织的有效调控，揭示了地面重力及空间微重力条件下相分离合金凝固组织演变规律及控制途径，提出了用电场、磁场和微合金化调控相分离合金凝固过程和材料制备工艺方法，实验获得了具有弥散型凝固组织的相分离合金样品和具有壳/核结构的相分离合金样品。

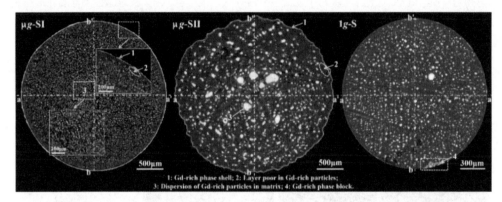

1: Gd-rich phase shell; 2: Layer poor in Gd-rich particles;
3: Dispersion of Gd-rich particles in matrix; 4: Gd-rich phase block.

Ti-Co-Gd合金在空间微重力（μg-SI和μg-SII）和地面重力（1g-S）条件下
凝固时的显微组织

基于大量的地面研究和利用无容器实验装置开展的大量材料样品制备实验，科学家建立完善了多元相分离合金快速/亚快速凝固理论模型，已应用于指导盾构机轴承保持架材料制备工艺，通过工艺优化解决了保持架强度和硬度较低、内应力大、大尺寸铸锭淬火时易出现开裂和变形等问题。同时，研

机加工前

机加工后

盾构机轴承保持架

发团队研发出多种关键材料的制备技术，在核电、电子通信、装备制造等领域获得广泛应用。

新型红外探测器材料InAsSb空间生长研究成功探索了空间InAsSb三元半导体晶体制备方法，首次在空间实现了地面难以制备的高质量InAsSb晶体生长，晶体质量与籽晶相当，直径达到1cm、厚度达到1.5mm，径向、轴向组分均匀，显著优于地面样品。基于该材料，科学家们正在研制原型器件，有望研制出高探测率、低噪声的红外探测器。这里得到的晶体生长方法可拓展至其他多种多元半导体合金材料体系的研究，对于开发相应的材料制备工艺具有重要的指导意义。

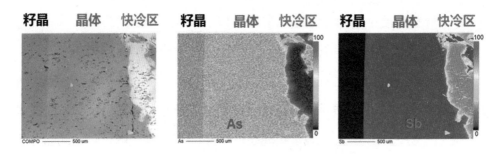

组分均匀的 InAsSb 三元半导体晶体空间制备

此外，微重力生长InSe半导体晶体研究在国际上首次实现了在空间生长出直径达18mm的高质量InSe半导体晶体，获得了边缘几乎无位错的晶体材料，比地面制备的InSe半导体晶体位错密度降低两个数量级以上。用该晶体材料开发的InSe场效应管性能大幅提高，迁移率相对地面提高了3~4倍，而且场效应管也超稳定，大幅提升了材料内部载流子的输运能力，未来有望在集成电路、生物传感、存算一体化等方面进行应用。

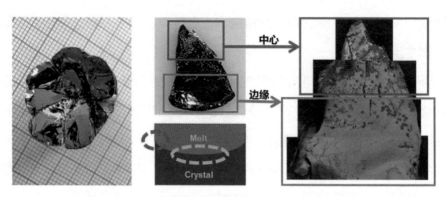

空间生长的 InSe 晶体位错密度优化，边缘几乎无位错

5.空间超冷原子物理实验研究

超冷原子到底有多冷？这里意味着原子的温度将接近绝对零度（0K，即−273.15摄氏度），期望达到pK量级（10^{-12}K）的温度。

为什么在太空开展冷原子实验？这是因为在太空微重力作用下，实验具有一些操控原子的独特优势。在地面，重力使囚禁原子的势阱倾斜，丢失原子，很难实现pK量级温度，同时加快了原子团的扩散，缩短了寿命，而在太空中重力作用大大减小，有助于实现超低温的原子气体，且可以实现原子团的长寿命，便于探索研究新的原子物理现象和规律。

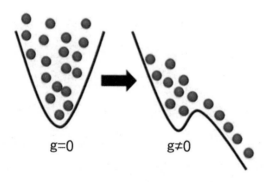

理想的原子囚禁势阱－简谐阱（左）与地面重力作用下倾斜的势阱（右）

空间站研制的超冷原子物理实验柜在轨利用两级光阱交叉冷却方法，获得玻色-爱因斯坦凝聚，也就是物质第五态（其他四态是固态、气态、液态、等离子体态），这是国际第二个空间产生的玻色-爱因斯坦凝聚。其中，铷87的玻色-爱因斯坦凝聚原子数已能达到$4×10^4$以上，同时使用深度冷却技术将原子气体温度降低到了100pK左右，而原子自由飞行时间达到1000ms。这是国际上首个空间基于光晶格的量子模拟实验平台，能够支持量子新物态、量子退相干机制、量子相变及动力学、量子拓扑物态等空间前沿物理科学实验。

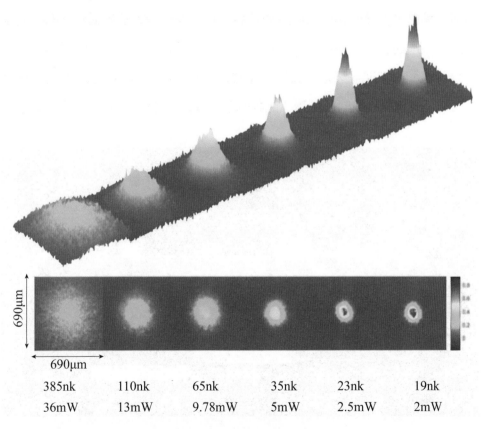

空间超冷原子气体相变过程

6.精准的空间冷原子钟

在地面上，由于重力的作用，经激光冷却和俘获后的超冷原子团始终处于变速状态，宏观上只能做类似喷泉的运动或者抛物线运动，这使得基于原子量子态精密测量的原子钟在时间和空间两个维度受到一定的限制。在空间微重力环境下，原子团又可以做超慢速匀速直线运动，基于对这种运动的精细测量可以获得较地面上更加精密的原子谱线信息，从而可以获得更高精度的原子钟信号。因此，空间冷原子钟成为重要的高精度时间频率系统。

在空间站中，利用氢原子钟、铷原子钟、锶原子光钟共同组成的冷原子钟组，是世界上第一套空间冷原子钟组，它有望成为太空中最精准的时间频率系统，预期实现日稳定度达$3×10^{-17}$量级（可以近似表述为数亿年误差小于1s）。同时实现了天地微波与激光时频传递链路，通过微波时频传递链路首次实现天地皮秒级时差测量，比导航卫星星地测量结果高2个数量级。

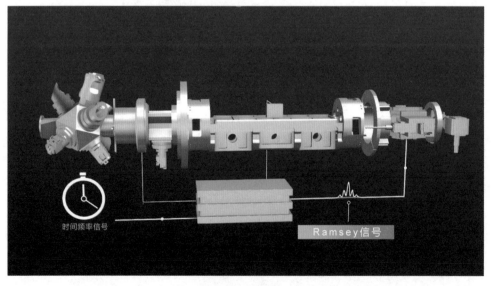

时间频率信号

Ramsey信号

空间冷原子钟原理图

由于空间冷原子钟可以在太空中对其他卫星上的星载原子钟进行无干扰的时间信号传递和校准，从而避免大气和电离层多变状态的影响，因此可以为全球卫星导航系统提供授时服务，具有更加精确和稳定的运行能力。同时，它可以支持开展广义相对论验证、基本物理常数测量等前沿研究，例如通过测量天地原子钟的频率差值，考虑各种影响效应，在建立模型的基础上，可以反演推导出引力红移的数值以及精细结构常数的变化，还可以在地球重力位测量等方面获得重大应用。

引力红移高精度测量

精细结构常数随时间变化

空间天文与地球科学

由于在太空中没有了大气的干扰和吸收，可以更好地进行天文观测，尤其是在X射线、γ射线、红外、超长波等波段，同时载人航天也方便对空间望远镜进行在轨维修维护，这样就确保了空间望远镜在太空中长期可靠地运行。

1.巡天空间望远镜

空间站研制的巡天空间望远镜，通过长达10年以上的长期观测能够观测到42%的天区面积，整个天区总共42000平方度左右，而巡天空间望远镜能够观测到17500平方度。它同时具有极深场精确观测的能力。巡天空间望远镜的主要研究领域包括宇宙学、星系科学、活动星系核、恒星科学、银河系和近邻星系、太阳系天体与系外行星、天体测量以及变源/暂现源等。

2020年，经中国载人航天工程办公室批准，中国空间站工程巡天望远镜科学工作联合中心和4个科学中心（国家天文台科学中心、北京大学科学中心、长三角地区科学中心和粤港澳大湾区科学中心）成立，数百位科学家参与巡天空间望远镜地面预先研究、科学准备和在轨观测研究等。科学家希望通过巡天空间望远镜的观测和研究，解答以下重大科学问题：

· 宇宙到底是由什么构成的？

· 宇宙演化的物理机制是什么？

· 超大质量黑洞是怎么形成、怎么变化的？

· 行星系统的形成和演化的机制是什么？

2.在太空搜寻暗物质

2011年，丁肇中博士领衔的阿尔法磁谱仪2号（AMS-02）发射并安装于国际空间站，它主要由美国能源部资助，共耗资约20亿美元，来自16个国家（地区）的600多名研究人员参与其中。AMS-02的物理目标主要包括精确寻找暗物质、反物质和宇宙射线的起源以及直接探索宇宙中高能量的新现象。

AMS-02在宇宙空间探测到以反质子和正电子形式存在的反物质，测量了正电子流强和正电子比例，反质子-质子比，以及电子、质子、反质子、氦核和其他核子的流强，首次相对准确地测得银河系宇宙线的年龄大约是1200万年，测量到正电子数据与暗物质质量与暗物质模型很好地符合，测到反质子-质子流强比显著超出了宇宙线碰撞产生的理论预期值，实验结果表明通过探测TeV以上宇宙线来搜寻暗物质相关实验的可行性，宇宙线中过量的正电子可能来自暗物质。

为了更好地探测暗物质和研究宇宙线的起源，我国空间站规划了高能宇宙辐射探测设施，它的探测能区将远超国际空间站的阿尔法磁谱仪，比我国发射的"悟空"暗物质卫星还要高近一个量级，电子探测能区达100TeV；同时它使用五面体的接收方式，达到更高的接收度。它预期的科学目标主要为：

· 精细测量宇宙线电子能谱，搜寻高灵敏度暗物质信号；

· 研究宇宙线起源和宇宙线物理，探究宇宙线起源的世纪之谜；

· 开展高灵敏度的高能γ射线全天巡天和监视，理解宇宙极端条件物理。

在空间地球科学方面，我国已经部署安排了高分系列卫星、海洋系列卫星、风云系列气象卫星等大批对地遥感应用卫星，而空间站长期运行，其轨道交点地方在不断变化，与一般太阳同步轨道遥感卫星相比，可实现对同一地区可变光照条件下的观测以及持续的观测，因此主要着眼目标是时效性突出、应用价值显著的新型对地观测技术、新型对地观测体制的试验验证，为这些技术和体制的业务化应用奠定基础。

空间新技术试验

空间站具备很好的应用支持条件，是一个理想的空间新技术试验平台，利用空间站可以在新一代通信与信息技术、机器人与自主系统、在轨制造与建造、微小卫星编队及应用等方面开展大批的空间新技术试验，一方面可以增强科学家开展太空活动、利用和开发空间的能力；另一方面可以为未来的载人月球探测、月球基地和载人火星探测奠定技术基础。

中国空间站—出舱活动（中国，2022）

1.灵巧的空间机械臂

目前，国际上已有多个安装或计划安装在空间站上的机械臂，包括加拿大臂2号、日本机械臂、欧洲机械臂。其中，国际空间站机械臂由加拿大研制，其尺寸很大且非常复杂，大机械臂长约17.6m，有7个自由度；灵巧机械臂有15个自由度，在航天飞机的50余次任务中使用，协助进行卫星的释放、捕获和维护，还执行了哈勃空间望远镜的维修和国际空间站舱段、桁架的安装等。

航天飞机机械臂太空捕捉维修卫星
（保加利亚，1991）

国际空间站机械臂在执行任务（图片来源：NASA）

我国空间站上安装了大、小两个机械臂，其中大机械臂安装于天和核心舱，展开长度可达10.2m；小机械臂安装于问天实验舱，长约5m，这两个机械臂具有自主爬行及扩展能力，可实现大范围、大负载操作（大机械臂）及局部精细化操作（小机械臂），能够与航天员协同工作，进行空间站巡检，舱外设备的安装、维护和更换，实验设备的测试与调试等，在空间站的长期运营中将发挥重要作用。

中国空间站机械臂

2. 微小卫星试验

微小卫星，尤其是立方星，在空间探测方面发挥着越来越重要的作用。立方星一般重量为 1kg，10cm×10cm×11.35cm 立方体为 1 单元，可多个单元进行组合形成卫星，具有成本低、体积小、重量轻、标准化、模块化、高性能、制造快、搭载发射方便等优势，广泛应用于多个领域。中国空间站已通过天舟货运飞船搭载多颗科学普及卫星，开展探测和试验活动。天舟五号货运飞船搭载的"澳门学生科普卫星一号"立方星为全球各地业余无线电爱好者提供了航天科学实践平台，天舟六号货运飞船搭载的"大连1号—连理"卫星用于验证一系列创新技术，天舟七号货运飞船搭载的"南京号"科普卫星进行对地观测、光通信验证等科学实验。未来，空间站将在轨释放更多的微小卫星，为更多的大、中、小学生提供机会，开展空间探测和技术试验验证等。

3. 太空 3D 打印

太空 3D 打印技术也被称为"空间增材制造技术"，它不是简单地将地面上的 3D 打印机搬上空间站，而是在空间微重力、辐射和有限的空间资源条件约束下进行太空 3D 打印技术的开发和应用。太空 3D 打印技术的应用不仅能够减轻地面上行物资压力，节约空间站存储的资源，而且能够有效应对维修维护等突发状况，还能够实现星体表面资源的就位利用。我国空间站规划了太空 3D 打印设施和相关技术验证，希望逐步开展复合材料打印、金属 3D 打印、空间站材料的循环利用以及基于模拟月壤的 3D 打印技术验证等，为我国开展空间站应用、月球与深空探测提供技术基础。

基于月壤的 3D 打印栖息地（图片来源：NASA）

随着航天技术的发展，人类对未知空间的向往使得深空探索、建设地外行星基地乃至太空移民等未来空间活动加速发展，这些未来的空间活动将很大程度地依赖高效、可靠、低成本的空间 3D 打印技术，这些技术将给太空探索和商业化带来革命性的变化。

空间站预期展望

　　我国载人空间站科学布局、前瞻规划了体系化基础研究和市场导向的应用研究，重点聚焦宇宙起源与演化、量子新物态、合成生物学等前沿问题和生物医药、先进材料、清洁能源、新一代信息技术等重要应用背景，提出了70余项研究计划，将实施上千项研究项目，预计在基础研究、应用基础研究和技术创新等方面产出具有国际影响力的重要成果，支撑创新型国家的建设发展需求。

　　人民生命健康是当前国家发展非常关注的问题。为此，空间站瞄准了空间器官芯片和类器官方向，建立脑、肺、肝、肠、肾等重要器官芯片和类器官的研究平台，用于新药研发以及再生医学技术的发展。例如，可设计肺器官芯片，开展疾病建模等研究；设计骨／肌肉芯片模型，研究探索骨丢失、肌肉萎缩的机制及对抗措施。

　　一方面，长期在轨（包括微重力、辐射等因素）引起的多种组织器官的功能障碍和损伤变化，在一定程度上与衰老表型相似，然而这一空间效应的特征及其分子机制尚不清楚。空间站要揭示长期太空环境和增龄引起的心血管、脑、免疫、骨骼和肌肉等退行性变化及其机制，对保障航天员健康以及深入认识细胞衰老和防治多种老年相关性疾病具有重要意义。

　　另一方面，空间站应用与先进材料、低碳燃烧、通信导航等国家战略需求密切相关，研究结果能够促进地面新兴产业发展。例如，我国"两机专项"（航空发动机与燃气轮机）长期以来面临高温合金叶片材料性能不能满足要求的问题，国外对于高温合金进行严格管控，已成为我国突破高性能航空发动机和燃气轮机制造的关键问题。为此，空间站提出在微重力条件下研究高温合金的溶质传输、结构演化、缺陷形成等机理，发展高温合金的凝固理论和控制技术，为制备凝固组织优异、少缺陷的高温合金提供理论基础和技术依据，对攻克"两机"关键材料的难题具有重要的战略意义。

另外，发展清洁低碳燃烧技术是助力实现"双碳"目标的有效途径。通过微重力燃烧实验，研究碳烟颗粒浓度空间分布规律，建立燃料类型、流动状态、碳氧比、火焰温度等对碳烟颗粒形成的影响，掌握碳烟颗粒形成的控制机制，可为开发地面高效、低污染燃烧装置提供基础数据和设计指导，为支撑我国实现"双碳"目标、应对全球气候变化作出积极贡献。

综上所述，载人空间站是独特的综合性太空实验基地，是国家的一个重要空间基础设施和原始创新高地，科学家们通过这一平台开展长期、系统的科学研究与应用，将不断取得重大的科学发现和关键技术突破，为经济社会发展提供高质量的科技供给，为国家高质量发展提供重要战略支撑。

中国空间站—太空家园（中国，2022）

第 5 章

未来可期

——载人月球与火星探测

载人月球探测

中国探月首飞成功纪念
（中国，2007）

载人月球探测的愿景与意义

月球是地球的天然卫星，是离地球最近的天体，也是全人类的宝贵财富。月球承载的科学价值在太阳系内可以说是独一无二的。月球在40多亿年漫长的演化过程中，记录了长期、原始的演化信息，可以用来研究行星早期的演化过程，而地球经过数十亿年来复杂而剧烈的演变，很多信息难以保留。科学家通常认为是小行星与地球撞击后形成的碎片和尘埃积聚后形成了月球，因此月球上可能还保留着地球早期的信息。

中国首次落月成功纪念（中国，2014）

第一，人类登陆月球，可以采集不同年代、不同位置、丰富的月球样品，更好地开展月球地质学、月球化学、月球环境等深入研究，不仅可以了解月球的成因、演变和构造等方面的信息，而且有助于了解地球的远古状态、太阳系的创生过程乃至太阳系的起源和演化，有助于理解空间现象和地球自然现象之间的关系，可以极大地丰富人类对地球、太阳系乃至整个宇宙的起源、演变及其特性的认识。

第二，人类登陆月球，甚至在月球上建立基地，可以开展月基的多学科科学研究。例如，在月面开展空间生命科学研究，了解月球低重力和强辐射条件下生命的响应和适应性机理；开展低重力物理科学研究，研究低重力条件下流体流动的基本规律、燃烧的物理化学过程变化、材料制备过程的变化和在月球条件下的服役性能；建立天文望远镜和地球观测设施，在月球静谧环境下观察到更清晰的宇宙图像，进行更宏观层面上的地球系统变化研究。

第三，在月球上可以进行就位资源利用。月球的两极可能各有不少于10亿吨的水冰，这些水冰如果能够获得开采，可以为月球基地提供水、氧气，甚至为火星探测等深空探测任务提供水、氧气及推进剂。月球表面还有数百万吨的稀有同位素氦-3，这些氦-3由于长期的太阳风作用于月球，嵌入了月球的风化层。氘（氢-2）与氦-3相互作用的核聚变比标准的氘-氚核聚变更有效率，且没有有害的副产物。如果地球突破了可靠安全的氦-3核聚变技术，月球可以为地球提供长达数十万年的氦-3资源。另外，月球表面有丰富的钛铁矿等矿物资源，通过与氢的还原反应，也可以产生水、氧气等重要的必需资源。

第四，在月球上还可以学习向外星球开拓和生存所需的技术，为走向更遥远的星球奠定基础。例如，在月球逐步突破和掌握月球机器人作业技术、人机联合探测技术、基于月面就位资源的 3D 打印技术、

中国探月（中国，2015）

密闭生态系统及生命保障技术、月面资源开发利用技术等，可以为下一步载人火星探测或更远的深空探测奠定技术基础，提供解决方案。

载人月球探测的发展现状

载人月球探测与近地空间相比，工程实现的难度很大。20世纪六七十年代，美国实施的"阿波罗"计划实现了6次载人登月，之后这么多年世界各国都未再实现载人登月。

2019年5月，NASA发布《前往月球：NASA月球探测战略规划》报告，首次正式披露了"阿

"阿波罗"登月舱

尔忒弥斯"（根据希腊神话命名）载人月球探测计划框架及主要内容。报告提出"阿尔忒弥斯"计划分为两个阶段实施：第一阶段是以2024年（已推迟）登陆月球南极为目标，第二阶段重点放在可持续探测月球并筹备前往火星。

第一阶段的主要工作是利用空间发射系统（SLS）和猎户座（Orion）飞船执行3次任务，即无人飞行测试、载人飞行测试和载人登月任务，同时还将利用商业火箭陆续发射"门户"（Gateway）空间站的动力和推进舱、迷你居住舱等，以及载人月球着陆系统的上升级和下降级等。首次载人登月任务计划让两名宇航员（其中一名为女性）登上月球南极。

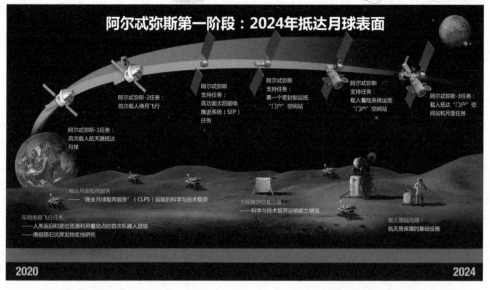

阿尔忒弥斯第一阶段：2024年抵达月球表面

2019年公布的"阿尔忒弥斯"计划第一阶段设想（图片来源：NASA）

第二阶段的重点工作是可持续探测月球并筹备前往火星，包括执行"阿尔忒弥斯"任务，完成"门户"空间站（月球轨迹空间站）的组建，并实施多次载人登月等。

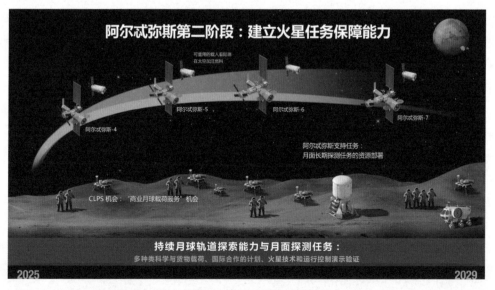

阿尔忒弥斯第二阶段：建立火星任务保障能力

2019年公布的"阿尔忒弥斯"计划第二阶段设想（图片来源：NASA）

目前看来，"阿尔忒弥斯"计划推进明显不如预期，2024年首次载人登月目标已明确无法实现，空间发射系统、猎户座飞船等任务均有不同程度的延后。2022年11月16日，原定于2020年发射的"阿尔忒弥斯1号"成功发射，在空间环境中对猎户座飞船各系统进行了验证，并于12月11日成功返回。它搭载了10颗立方体卫星、3个假人模型以及多个辐射传感器、生物学研究和技术验证载荷等。

2023年，我国载人月球探测工程登月阶段任务全面启动实施，各项研制建设工作正在加紧推进。对于我国的载人月球探测，民众非常期待，希望能够翻越"阿波罗"载人登月这座高山，同时还要比肩美国重返月球的"阿尔忒弥斯"计划，这是我国载人月球探测任务面临的重大挑战。

中国科学院地质与地球物理研究所李献华院士组织了国内月球科学领域的骨干队伍，针对载人探月的工程条件和约束，在嫦娥工程开展的月球探测任务的基础上，梳理和凝练了有望取得新突破的月球科学关键问题：

（1）月球内部水和挥发性组分对月球起源和演化的控制；

（2）深部月壳的物质组成及其对月球岩浆洋结晶过程的约束；

（3）月球火山活动与月幔物质组成的时空演化；

（4）月球磁场发电机的运行及启停时间；

（5）多物理场约束下的月球内部结构；

（6）大型撞击盆地的形成及对月球的改造；

（7）太阳风与月球表面的相互作用及月面大白斑成因。

科学上的突破往往在很大程度上依赖于技术的创新。这些关键问题对于未来月球探测技术发展路线的制定有着重要的参考意义。

载人月球探测的关键技术

无论是美国的"阿尔忒弥斯"计划，还是我国的载人月球探测，主要需要突破以下关键技术。

1.重型运载火箭

要实现载人登月，近地空间的运载能力需要达到近130t，地月转移轨道运载能力要达到近50t，要实现如此大载荷的运载，可以采用重型运载火箭一次发射的方式，也可采用两次发射、在近地或月球轨道对接的方式。"阿波罗"计划采用一次发射方式，为此研制的土星5号运载火箭一次可将120t左右的载荷运送到近地空间。土星5号运载火箭是三级火箭，高达110.6m，起飞重量约3000t，其中第一级长42m，直径为10m，是我国长征五号火箭直径的2倍，采用5台F-1液氧和煤油发动机；第二级长25m，直径也为10m，采用5台J-2液氢液氧发动机；第三级长18.8m，直径为6.6m，采用1台J-2液氢液氧发动机。

土星 5 号运载火箭（图片来源：NASA）

　　我国载人登月的初步方案是两次发射，在月球轨道进行对接。我国新一代载人火箭（即长征十号运载火箭）正在紧张研制中，它的目标是实现近地空间运载能力约70t，地月空间运载能力约27t。这枚火箭的研制和试验，可为载人登月实施奠定重要的技术基础。

珠海航展上展示的长征十号火箭模型
（图片来源：新华网）

2.登月载人飞船

　　"阿波罗"计划研制了"阿波罗"飞船系列来执行载人登月任务。"阿波罗"飞船分为指挥舱、服务舱和登月舱3部分。飞船总重量约50t，高约16m。其中指挥舱为圆锥形，高3.5m，底部直径为3.9m，重量约6t；服务舱是一个直径为3.9m、高7.6m的圆柱体，重量约25t；而登月舱高6.9m，宽4.3m，重量约14t。

3名宇航员乘坐在指挥舱里。指挥舱包括对接系统，可实现与登月舱的对接，还有降落伞以及12个推力器，用于控制指挥舱返回地球。服务舱包括推进发动机、燃料和氧化剂贮箱等，为飞船提供动力，并为指挥舱提供电力。

登月舱分上升级和下降级，下降级包括下降发动机、燃料和氧化剂贮箱、起落架等，功能是实现飞船减速并着陆，在"阿波罗"计划后期任务中还装有月球车。上升级包括上升发动机、生命保障系统、通信和电源设备等，可以搭载两名宇航员返回环月轨道，在进入轨道、宇航员返回指挥舱后，上升级会被废弃。除"阿波罗13号"飞船外，"阿波罗11号"至"阿波罗17号"中的其他飞船均实现了宇航员着陆月球并执行了探测任务。

"阿波罗"飞船

我国新一代载人飞船命名为"梦舟"，主要用于我国载人月球探测任务，也可兼顾近地空间站运营，具有高安全、高可靠、可重复使用的特点，可搭载3名航天员往返地面与环月轨道，也可搭载7名航天员往返地面与空间站。它长约9m，最大直径为4.5m，发射重量可达23t，由返回舱与服务舱组成，其返回舱是整船的控制中心，也是航天员生活居住的地方，服务舱是整船的能源与动力中心。梦舟飞船不仅搭载航天员的能力有了显著提升，上下行载荷能力也得到了大幅提高。2020年5月5日，长征五号B运载火箭搭载新一代载人飞船试验船进行了首次飞行并成功返回地球，对气动热防护、再入控制和群伞减速回收等关键技术成功进行了验证。

3.载人月球车

载人月球车的目的是使宇航员探索更广阔的月球区域，采集更广泛类型的样品。"阿波罗"月球车是一种4轮车辆，重量约210kg，长3.1m，轴距2.3m，高1.14m，每个轮子由一台发动机驱动，靠蓄电池提供动力，行驶速度为10~12km/h，能携带约490kg的有效载荷，可以在月面运送两名宇航员、相关设备和月球样品。它与普通汽车不同，采用独立的"T"形操纵杆而不是方向盘和踏板控制。它的前后轮都可以转向。它可以通过微波天线与地面控制中心通信。宇航员驾驶"阿波罗15号""阿波罗16号"和"阿波罗17号"月球车在月面分别行驶了约28km、约27km和约36km，对山脉、火山口等进行了探测，采集到大量的月球样品返回地球。

据介绍，我国计划2030年前实现中国人首次登陆月球，期间两名航天员将驾驶载人月球车在月面开展科考活动。载人月球车可以扩大航天员活动范围，提高月面工作效率，提升工程效益，是未来载人月球探测任务的核心装备之一。

载人月球车采用模块化可折叠构型，能承载两名航天员驾驶。载人月球

载人月球车效果图（图片来源：载人航天网）

车在月面部署后，具备崎岖地形快速移动、导航定位、安全辅助、对地实时通信和载荷物资高效运输等功能，并能与其它设施设备协同作业，开展月面人机联合探测。

载人月球车造型以现代科技感、越野感为主要设计风格，有机融合中国传统文化元素，彰显中国先进科技力量和深厚文化底蕴。

载人月球探测的实现方案

　　"阿波罗"计划采用的方案是用一枚土星五号重型运载火箭发射"阿波罗"飞船实现载人登月，而我国载人月球探测首次登月任务的初步方案是采用两枚长征十号运载火箭分别将月面着陆器和载人飞船送至环月轨道，在轨进行交会对接，航天员从飞船进入月面着陆器。随后，月面着陆器下降着陆在月面预定区域，航天员登上月球开展科学考察与样品采集。在完成既定探测任务后，航天员将乘坐着陆器的上升器上升至环月轨道与载人飞船对接，并携带样品乘坐飞船返回地球。其中着陆器会带着一辆载人月球车，航天员驾驶月球车执行探测任务。

　　"阿尔忒弥斯"计划的载人登月方案是首先由空间发射系统将登月舱送到绕月轨道，然后再由空间发射系统将载有4名宇航员的猎户座飞船送入绕月轨道，与登月舱在轨对接，把两名宇航员转移到登月舱，然后着陆到月球表面。预计完成约6.5天的月球探测后，返回绕月轨道与飞船对接，最后乘猎户座飞船返回地球。

　　再往后，空间发射系统还将继续执行载人登月任务，并参与绕月空间站在轨组装工作，甚至支持月球基地建设，以期对月球开展长期可持续的有人探索。

　　我国的载人月球探测主要包括3个阶段：第一阶段是完成新一代载人运载火箭、新一代载人飞船、月面着陆器、登月服、载人月球车等飞行产品的研制，还要补充建设文昌航天发射场，以及测控通信、着陆场等相关的地面设施；第二阶段进行无人飞行验证；第三阶段实现航天员登陆月球，完成探测与采样并返回。

　　2024年4月24日，中国载人航天工程办公室副主任林西强表示：长征十号运载火箭、梦舟载人飞船、揽月月面着陆器、登月服等主要飞行产品均已完成方案研制工作，正在全面开展初样产品生产和各项试验，文昌载人月球探测发射场建设全面启动实施。而且我国第四批预备航天员选拔工作已基本完成，第四批航天员入队后，将和现役航天员一起实施空间站后续任务，并实现中国人登陆月球。

月球基地

月基基地概念图

月球基地的设想

　　在月球上建立的能够支持人类长期生活和开展研究、试验和资源开发利用的基础设施称为载人月球基地。近几十年来，美国、中国、俄罗斯和西欧等一些国家的科学家都提出了月球基地的规划和设想，并开展了相关技术的研究和工程准备，欧洲科学家还提出了月球村的规划。

　　月球基地的主要功能包括月面人类长期生存、月面科学研究、月球资源开发利用等。月面人类长期生存是指月球基地要提供航天员必需的生存和生活保障条件，包括能够屏蔽月面宇宙射线等辐射的密封居住舱，空气、水和食物等必要的生存保障系统，适宜的温度和湿度，卫生和休息条件等，能够使航天员在月球表面舒适地生活和工作。月面科学研究是指月球基地要支持开展针对月球本身的科学研究，以及月基科学研究。月球本身的科学研究包括月球地质构造、物质组成、内部结构、月面环境、月球起源与演化研究等。月基科学研究是指支持开展生命科学和人体研究、低重力物理研究、月基天文观测及月基地球观测等。月球资源开发利用是指充分开发月面的太阳能资源、水冰资源、氦-3资源、钛铁矿等矿产资源，为月球基地或地球所用。

为了实现以上功能，月球基地的组成主要包括能源系统、居住舱及生命保障系统、月面运输系统、通信导航系统、科学研究与应用基地、资源开发利用系统等。

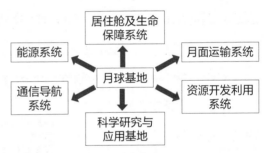

月基基地的组成

月球基地的建设

1.月球基地选址

月球基地的选址主要考虑以下要素：太阳光照条件、地形地貌、科学研究价值、资源条件与利用价值等。由于月面月夜时间较长，太阳光照条件好就可以为月球基地提供稳定可靠的能源。为便于频繁的地月往返运输，月球基地要建在地势平坦开阔的地方，航天器方便安全着陆和起飞。月球基地的建立还要兼顾科学研究价值，如选择月海和高地的接触带、典型撞击坑等地质现象丰富的地区，便于采集不同年代、不同类型的地质样本，进行月球起源与演化的研究。月球远端面是一个没有无线电干扰的环境，屏蔽了来自地球的无线电波以及太阳射电辐射，且不存在月球电离层，是开展精确天文观测的完美平台。此外，月球基地的选址还要考虑资源条件与利用价值，如建在月球南极地区，南极具有丰富的水冰资源，未来可以进行水冰资源的开采和利用，来生产水、氧气和推进剂等。总之，月球基地的选址要综合考虑以上要素，通过综合分析来确定。

月球基地建设的主要热门区域包括月球南北极地区、赤道附近等。有些专家认为，从科学研究和矿产资源开发利用的角度来看，在月球正面赤道附近建立基地比较合适。而近年的月球探测发现，月球南极附近日照条件好，太阳能资源条件好，温差变化也不大，同时有比较丰富的水冰资源可以利用，对于月球基地来说是比较理想的选择。例如，沙克尔顿环形山边缘75%～80%的时间有日照，太阳能资源条件好，昼夜温差变化明显小于月面其他区域，为月球基地的热控设计提供了便利，降低了生活、生产保障设施设计的难度。同时在环形山的深坑里有常年阴影区，可能储存着水冰，可以开发利用来生产水、氧气和推进剂等。月球北极也有类似的区域可选，如皮里环形山。

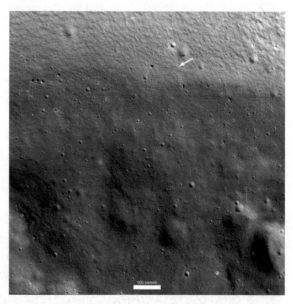

沙克尔顿位置的陨石坑

2. 能源系统

月球基地的能源系统主要包括供能和储能系统，供能可采取太阳能供能和核能供能两种方式。目前，太阳能供能光伏发电比较成熟。由于月球没有大气层，太阳辐射可以直接到达月球表面，且月球上的1个白天约相当于14个地球日，因此可以获得稳定而丰富的太阳能。目前，地面光伏发电技术非常成熟，可以作为月球基地能源系统的技术基础。在漫长的月夜期（同样约为14个地球日），受太阳光照的影响，太阳能供能方式受到挑战，可以采取核能供电的方式进行补充。核能供电包括核反应堆电源和放射性同位素电源两种方式。核反应堆电源是指利用可控核裂变反应来获取电能的方式。放射性同位素电源是指使用放射性同位素衰变时产生的能量转化为电能的装置。采取核能供电要重点关注安全性设计，尤其是不能给生活在月球基地的航天员带来风险和危害。

根据目前的技术进展，建立小型月球基地可采用放射性同位素电源来提供中低功率的电能，它结构简单、辐射小且可靠性高。目前在国内外深空探测任务中主要使用同位素核热源（RHU）和放射性同位素热电发电机（RTG），其中RHU是利用放射性同位素衰变时产生的热能为月面的载荷等提供保温条件，嫦娥三号任务的着陆器、月球车及极紫外相机等均配置有RHU，满足月夜期间的供热保温需求。而RTG是要在同位素核热源的基础上加装换能装置，利用热电偶原理进行发电。RTG被广泛应用于太空探测器上，如正在飞离太阳系的"旅行者号"探测器、"卡西尼－惠更斯"土星探测器、嫦娥四号探测器等。RTG最常用的钚－238半衰期为87.7年，它能稳定、持续地发电达数十年之久，所以可以满足"旅行者号"探测器航行数十年的需求。如果要建立中等规模的月球基地或大型月球基地，需研发空间核反应堆电源，以满足月球基地的生产和生活需要。

储能系统可以采取化学能储存、热能储存和动力储存等方式。化学能储存可以采用传统的蓄电池组方式，如目前在新能源汽车上应用很广泛的锂电池技术等，它具有小型化、轻量化、低温、性能好等特点；也可以采用燃料电池技术，如在"阿波罗"计划中就使用了可再生的氢氧燃料电池，它的化学产物水还可以再电解为氢和氧进行循环利用，因此是建设月球基地比较合适的一种储能方案。当然，采用飞轮储能技术的动力储存方式和基于斯特林热发电系统或布雷顿循环热泵的热能储存方式也是可选的、有待发展的月面储能方式。

3.居住舱及生命保障系统

月球基地的建设要立足于原位资源利用，尽量利用月面资源开展月球基地建造，尤其是居住舱的建设。月面居住舱可采用多舱组合的方式，如采取我国空间站的建造方式，由核心舱和两个实验舱组合建造而成。月面居住舱相比空间站，设计难度要大得多，其主要是需要考虑隔热（尤其是月夜达14个地球日，环境温度很低）、防辐射（月面辐射比近地空间大得多），还要尽量利用月面资源来建造，充分减少从地球运输的压力。未来的月面居住舱可以采取3D打印的方式，利用月面的月壤、矿物等进

SpaceX 正在研制的星舰（图片来源：星舰）

行建造，可以采取粘接或烧结的方式来制造建筑材料，建造所需的部分材料可由地球运送至月面。

居住舱中的环境控制与生命保障系统，要确保航天员在月球基地的长期生活和工作，主要功能包括气体控制、温度控制、循环与废物处理、水和食物的低温储存、辐射防护等。为了减少对地面补给的要求，月面居住舱要重点实现封闭式受控生态系统的研究与应用，建立由人、植物和微生物组成的密闭循环生态系统，部分实现自给自足式的食物生产和水、氧气等资源的再生与循环利用，同时清除二氧化碳和处理卫生废物，维持人在月球上的长期生活。

4. 地月运输与月面移动

月球基地的建立必须基于运输系统的支持，包括地月运输和月面移动等。地月运输包括地球至月球的人员、物资运输以及月球至地球的人员返回和资源返回等，地月运输主要依靠重型运载火箭实现，月球返回一般通过可重复使用的载人飞船实现，SpaceX公司正在研制的星舰系统运输能力较强，且能够重复使用，是未来在月球基地建设和运营中可能获得应用的一种地月运输方式。

月面移动是实现月球基地科研和生产任务的关键技术之一，因为它能够支持在更广阔的范围内开展科学实验和探测活动，如月球样品采样、月震监测、月基天文观测等。为了实现数百千米甚至上千千米的移动，需要研制移动范围大、功能更强大的具有密封压力舱环境的载人月球车，可支持的人数更多、可装载的货物更重、可到达的距离更远、可支持的时间更长，还要能够适应月面的复杂地形和大温差、辐射等环境下的大范围移动。为了满足以上的月面移动和作业要求，载人月球车可以设计为多种类型，科学家们提出了月面载人移动实验室的概念，它不仅能够实现在月面达上千千米的移动，为航天员的生活提供保障，还在月球车上集成了生命科学、材料科学及地质学研究实验室等，支持开展多学科研究，同时在移动的过程中还能够实时进行环境监测、分析和就地采集样品，是集生命保

月面载人移动实验室概念图

障、月面移动、科学研究为一体的功能强大的月面移动系统，可以在月球基地的运行中发挥重要作用。

5.通信与导航

地月通信、月面通信与导航是建立载人月球基地以及在月面开展科学研究与应用的基础。地球与月球间的双向通信需建立大数据率（1Gbit/s量级）、全覆盖的通信支持系统，实现对地月飞行任务测控的支持能力。而月面通信与导航要支持月面居住舱与载人月球车的高速通信能力（数据率1Gbit/s量级），对于载人月球基地，通信与导航系统要能够满足载人月球车在月面的探测活动范围要求以及月面探测载荷的数据传输要求，距离可能达上千千米，并实现高精度的月面导航。

科学家在地面已经建立了功能强大的导航系统，可以全天时工作，而且导航精度达到了米级。月面的导航也需要提供相似的能力，月球正面的通信

鹊桥二号中继卫星发射（图片来源：新华社）

导航可通过地月测控通信系统实现，而月球背面的通信导航可通过鹊桥中继卫星来实现。2024年3月20日，探月工程四期鹊桥二号中继卫星发射升空，为载人月球基地的通信与导航奠定了基础。

6. 月面科学研究与应用

在月球基地，航天员可以开展多学科的科学实验、技术试验等，如月面生命科学研究、月球地质学研究、材料科学研究及天文观测等，这些科学活动将推动人类对宇宙的了解，促进科技创新，并可能带来重大的科学发现。

● 月面生命科学研究

月面环境与地面环境显著不同，具有高辐射、低重力、月尘等特点，对生命活动提出了新的挑战。月面生命科学研究要研究分子、细胞、组织直到生命个体在月面环境中生长发育的适应性及其特性，如骨质和肌肉流失、免疫力下降、认知功能下降等，系统解析月面环境对生命过程的影响。这些研究可以为人类适应和利用月面环境提供实验数据和理论基础，对保障航天员健康，从而实现人类在月球上长期生活和工作具有重要意义。

● 月球地质学研究

月球表层没有受到过板块活动、大气圈、水或生命的影响，记录和保存着40亿至45亿年来发生过的月球地质作用的证据。对月壳、月幔、月核组成及演化的研究，可以帮研究人员从地质化学的角度对早期星体基本过程进行表征，从而了解早期行星演化过程及其起源，这可能包括早期组成部分的差异、早期地壳的形成以及处在各种月幔深度的玄武岩的起源。月球陨击坑研究可以探索太阳系早期历史、地球历史及生命起源等。对月球表面或近表面具有潜在资源价值的沉积物进行表征并定位，可以为未来月球资源的勘探利用提供数据基础。

● 材料科学研究

月球的高辐射、低重力、高真空以及微小陨石体撞击等环境会对材料产生复杂的环境效应。利用特有的环境条件，科学家开展月球环境下材料使役行为研究，研究月球环境下材料的元素组成、微观结构、力学性能等变化规律与机理，不仅在基础理论研究方面具有重要意义，在月面就位资源利用、月面建造方面也具有广阔的应用前景。

● 天文观测

一方面，由于月球基本没有大气层和电离层，避免了地基天文观测中大气吸收、干扰和背景辐射所带来的不利因素，可以获得最优的观测灵敏度和空间分辨率，实现从低频射电到 γ 射线的全波段观测。同时月球的自转缓慢，周期长达28天，因此可以对天体进行长时间的不间断监测。此外，在月球极区存在永久的太阳阴影区，这为高灵敏度的红外天文观测提供了稳定的超低温环境。而月球背面屏蔽了来自地球电离层的人类活动的电磁干扰，这是从事射电天文观测的理想场所。另一方面，由于月球上的地质活动非常微弱，月面地貌相对平坦，可以部署长基线的望远镜或天线列阵进行干涉天文测量。基于以上月面开展天文观测的特色和优势，加之载人月球基地可以更方便、更安全地为天文设备提供安装、调试、维护、升级等服务，月球上有望建立运行几十年以上的永久天文台，这将为天文学和天体物理学的研究提供持续的数据，并有望取得重大成就。

7.月面资源开发利用

月壤/月尘层几乎覆盖着整个月球表面，含有丰富的钛铁矿、水冰、稀有气体、氦-3等资源，在月球上寻找和开采各种有用的资源，进行月球资源的就位加工、分析和处理，不仅可以解决月球基地建设的需求，还为解决地球能源和矿产的紧缺提供了新的解决方案。

月球上储存着丰富的硅、铝、钛、铁等矿产资源，例如月海玄武岩中的钛铁矿，克里普岩中的稀土元素、钾、磷及钍等，据估计，其中的钛铁矿超过1万亿吨。钛铁矿不仅

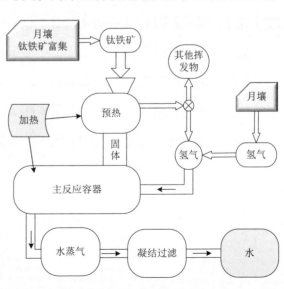

钛铁矿氢还原法制水系统示意图

可生产铁、钛等，还可以用于还原氧气和生产水等，具有非常重要的应用价值。另外，月球上的月壤可以通过微波加热进行烧结，或者利用太阳能聚光进行加热，以合成陶瓷、玻璃或其他聚合体材料，来修建着陆场、道路、居住舱等基础设施。

月球两极蕴藏着人类在月球长期生存所需的关键资源，如固态水和其他挥发性物质，月球两极的水冰据估计不少于10亿吨，其中还包含甲烷、一氧化碳、氨、硫化氢等挥发物质，可以处理后使用。

近日，中国科学院宁波材料技术与工程研究所等基于嫦娥五号月壤的研究，提出了一种在月球原位开采水的新方法，估算出1亿吨月壤有可能产生超过50kg的水，这为月面水的开采和利用提供了新思路。

此外，月球上氦-3储量丰富，据估算，月壤中氦-3的总量达数百万吨。它是一种高效、清洁、安全的核聚变燃料，如果能实现安全的核聚变，数十吨氦-3蕴含的能量就相当于全中国一年的能源消耗量。当然，在月面有限的资源条件下，氦-3的开采和提取仍是一个需要解决的难题。

由于地月运输能力有限，将大型机械运送至月球需要很大的代价，且地面设备难以适应月面大温差、高辐射的恶劣环境，因此月面资源的提取和利用对月面矿产资源勘探器、矿物开采机器人、矿物分选与加工处理设备等高度集成化、小型化、抗辐射的资源开发利用设施的研制提出了很高的要求。

火星的环境特点和探索价值

火星是太阳系中与地球最相似，且最有可能探测到地外生命的星球。火星与地球有着许多相同的系统和特征，如同样存在大气、水、冰及岩石圈等。火星半径为地球的53%，质量为地球的11%，表面重力为地球的38%。火星有稀薄的大气，95%是二氧化碳，还有3%的氮，大气密度约为地球大气的1%。火星每24.63h自转一圈，并在一条椭圆轨道上以25.2°的倾斜角绕太阳公转，周期为687天，因而与地球一样，有四季分明的气候，冬季最

中国首次火星探测"天问一号"
发射成功（中国，2020）

低温度为-125℃，夏季最高温度为22℃，平均温度为-63℃。科学家们探测发现火星有大量的水流痕迹，还发现火星两极有大量的冰存在 。

通过对火星土壤层分布、下覆水冰存在位置及其规律、火星土壤中有机物质的探寻、火星大气及火星空间环境等的综合性研究，有望获取火星起源与演化的新认识，了解水在火星环境变化历史中的作用，探寻火星过去和现在可能存在生命物质、孕育生命的环境更加直接的证据。通过地球大气与火星大气的对比研究，可以解释类地行星大气演化的规律，加深对地球大气成因的认识。

火星表面河道的形态显示其亿万年前曾经存在过大量的水，这意味着火

星过去可能拥有过适合生命生存的环境条件。通过研究火星地质、表面成分的长期演变过程，岩石和空气以及岩石和水的相互作用等，将有助于我们理解火星曾经的生命存在和消失的原因，进而可以分析和预测地球的未来。

人类如果想要冲出地球，在地球外寻找生存空间，只能先从太阳系内的类地行星开始，如火星和金星。它们和地球同处太阳系内的宜居带内，具备保持生命体生存的可能性。然而，金星环境过于恶劣，气压是地球的92倍，空气中大多数是二氧化碳，人类根本无法生存。相较而言，火星条件就好一些，具备较稀薄的大气，可能存在水资源，通过合理改造有希望成为未来人类可以驻留的地外生存空间，是人类拓展生存空间，未来实现星际移民的首选目的地。

火星探测的发展

火星距离地球最近约5600万千米，最远约4亿千米，火星探测器需要飞行200余天才能到达遥远的火星。火星和地球几乎在同一轨道面围绕太阳公转，地球公转

苏联首次发射"火星1号" 纪念（苏联，1962）

周期为1年，火星公转周期约为2年，火星大约每2年追上地球一次，此时两行星距离最近。在这一时刻前后，从地球发射火星探测器，能让人类探测火星之旅的时间更短、所需携带的燃料更少、成本更低。

火星探测器发射升空后，先在地球附近加速，进入椭圆形的霍曼转移轨道，等到达火星附近刹车减速，最终被火星捕获。这就要求在探测器发射

时，火星和地球的相对位置要提前算好，使得探测器的霍曼转移轨道能够与火星公转轨道在某一时刻相切，二者相遇。结合地球、火星的公转周期，科学家计算得出，在地球上每隔约26个月是发射火星探测器的"窗口"时机。

国际火星探测始于20世纪60年代。20世纪六七十年代，美国发射了"水手"系列、"海盗"系列等多个火星探测器，成功拍摄了大量火星照片并实现了软着陆。20世纪90年代以来，火星探测迎来又一高潮，包括美国、俄罗斯、日本、印度等多个国家和欧洲航天局组织的火星探测大军日益壮大。进入21世纪，美国"奥德赛"火星探测器、"勇气号"和"机遇号"火星车等都成功进行了火星探测。2012年8月6日，"好奇号"火星车在火星盖尔撞击坑着陆，进行了岩石和土壤取样分析，追踪水流的痕迹，发现了硫酸盐，探寻了有机物和生命存在的线索，得出了火星环境符合孕育生命的关键标准的结论。

美国"水手7号"火星探测
（亚松森，1971）

美国"海盗1号"火星探测
（马尔代夫，1976）

世界首部火星车"探路者号"着陆火星（美国，1997）

阿联酋火星探测器（联合国，2022）

"好奇号"火星车（图片来源：NASA）

　　截至目前，火星探测任务已实施47次，其中美国20余次，苏联/俄罗斯实施次数紧随其后，日本、印度和欧洲航天局也分别进行过火星探测。2020年7月23日，我国的天问一号火星探测器发射升空，实现了火星环绕、着陆和巡视探测，"祝融号"火星车驶离着陆平台进行了火星环境探测研究，揭示了着陆区可能经历了以风向变化为标志的两个主要气候阶段，风向从东北到西北发生了近70°的变化，增进了对火星古气候历史的理解，为火星古气候研究提供了新的视角。

载人火星探测的技术挑战

火星探测是涉及众多高新技术领域的系统工程，如要解决轨道优化设计、自主定轨与导航、热控制、辐射防护、遥操作与遥控分析、深空测控通信等技术问题。至今全球火星探测的成功率大约为40%，而载人火星探测的难度比无人探测要大得多。近几十年内首要实现的是载人登陆火星。

载人登陆火星任务的技术挑战主要在于4个方面。

一是基于目前的航天技术，地球与火星的往返时间至少在500天以上，为实现航天员长时间的太空生存，需要大量的食物、水、氧气等补给，还有火星表面生存所需要的居住舱，这就要求显著提高火箭的运载能力，必要时发展核推进等空间推进技术，降低地火运输的成本和时间。

二是航天员生命保障。去往火星的漫长征途中远大于近地空间的辐射会作用于人体，可能对人体的认知功能、循环系统等造成很大的危害，导致航天员在到达火星后的健康状态不容乐观，因此必须采取可靠的防辐射手段，提高辐射防护水平，提升航天员生命健康保障能力，确保航天员在到达火星后能够顺利地执行探测任务。

三是火星的进入、下降与着陆过程，通常被称为恐怖7分钟，在火星稀薄的大气环境下需要用7分钟将探测器速度从2万千米/时降低到零。虽然火星也有大气层，但它比地球大气层稀薄100倍左右，所以不能仅仅依靠空间阻力来对航天器进行减速，需要利用多种减速手段融合才能实现，包括气动减速、降落伞减速和发动机反推等，还需要自主导航控制技术来保证。

四是需要确保高可靠的通信和控制。去往火星的途中以及在火星表面的活动，均需要非常稳定可靠的通信来实现各种航天器的控制，另外由于有长达数十分钟的通信时延，火星探测活动的开展（如火星车的导航）将受到很大的影响，这就需要提高轨道上和火星表面的航天器自主导航和精确定位的能力，以及危险感知和规避的能力。

火星移民能不能实现

虽然载人火星探测面临着林林总总的问题和很大的技术挑战，但是在近几十年内实现人类登陆火星还是非常有希望的。2017年9月29日，在澳大利亚阿德莱德召开的第68届国际宇航大会上，SpaceX公司CEO伊隆·马斯克提出了他颇具想象的火星移民计划。他计划利用研制的"大猎鹰"火箭一次性向火星运送100名移民，并希望在未来实现建设居住100万人的火星城市的梦想。

火星（联合国，2022）

2024年3月14日，SpaceX公司研制的星舰火箭（起飞重量约5000t，近地轨道运载能力达150t）发射后成功入轨，虽然后来星舰失去了联系，但这已经向未来的太空移民走近了一步。星舰是超重型、可重复使用的火箭，不仅运载能力得到大幅提升，还有望大大降低太空运输成本，助力早日实现火星梦。

近年来，以SpaceX公司为代表的商业航天发展迅猛，人类进入空间的能力不断获得提升，而且进入空间的成本不断下降，核热推进、核电推进等空间推进技术不断发展，太空机器人、火星直升机、太空3D打印、在轨组装与建造等地外星球探测技术取得显著进步，我们有理由相信，随着航天科技的飞速发展和进步，我们有希望在不远的将来实现火星旅游和火星移民，利用火星的原位资源建立属于地球人的火星城市。

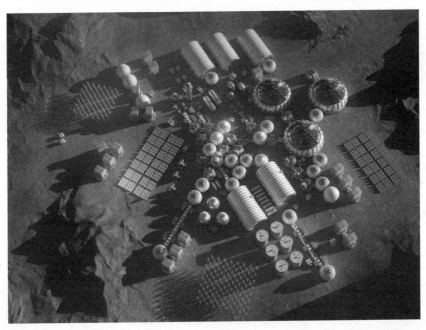

火星城市

参考文献

[1]　罗恩·米勒，加里·基特马赫，罗伯特·珀尔曼著．空间站简史：前往下一颗星球的前哨[M]．罗妍莉，译．成都：四川科学技术出版社，2021.5.

[2]　赵雁．筑梦九天—中国载人航天发展纪实[M]．北京：解放军出版社，2017.9.

[3]　庞之浩．中国航天图文史[M]．广州：广东教育出版社，2023.10.

[4]　周建平．我国空间站工程总体构想[J]．载人航天，2013，19（2）．

[5]　国家自然科学基金委员会，中国科学院．中国学科发展战略：空间科学[M]．北京：科学出版社，2019.4.

[6]　陈善广．飞天英雄[M]．北京：中国宇航出版社，2011.6.

[7]　王忠贵．载人空间站工程测控通信系统挑战和机遇[J]．飞行器测控学报，2013，32（4）．

[8]　杨宏．从空间实验室到空间站的总体设计思路[J]．航天器工程，2022，31（6）．

[9]　朱光辰．我国载人航天器总体构型技术发展[J]．航天器工程，2022，31（6）．

[10]李塘等．天基为主的空间站测控通信模式[J]．上海航天，2023（5）．

[11]王翔．中国空间站建设系统方案特点与展望[J]．航天器工程，2022，31（6）．

[12]贾世锦，何宇，陈伟跃，张福生．持续创新引领神舟飞船发展[J]．航天器工程，2022，31（6）．

[13] 白明生，王冉，徐小平. 天舟货运飞船发展历程与特点[J]. 航天器工程，2022，31（6）.

[14] 高树义. 我国载人航天器回收着陆技术发展[J]. 航天器工程，2022，31（6）.

[15] 宗河. 长征-7新一代中型运载火箭首飞大捷[J]. 国际太空，2016（7）.

[16] 杨建民，崔照云，李君. 长征二号丙系列运载火箭构型演变与技术创新[J]. 导弹与航天运载技术，2023（3）.

[17] 李东，李平岐. 长征五号火箭技术突破与中国运载火箭未来发展[J]. 航空学报，2022，43（10）.

[18] 鲁宇. 中国运载火箭技术发展[J]. 宇航总体技术，2017，1（3）.

[19] 张伟，韩培. 人类太空生存的开拓之旅[M]. 北京：科学出版社，2019.